BIBLIOTHÈQUE DU JARDINIER

CONIFÈRES
DE PLEINE TERRE

PAR

A. DUPUIS

MEMBRE DE L'ACADÉMIE ROYALE D'AGRICULTURE DE TURIN
DE LA SOCIÉTÉ ROYALE LINNÉENNE DE BRUXELLES

47 GRAVURES

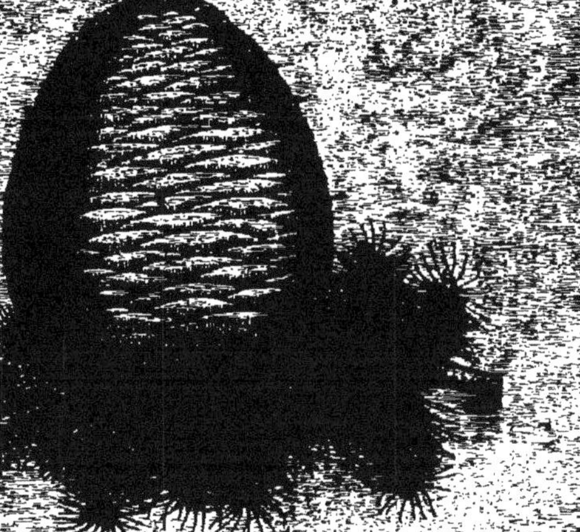

PARIS
LIBRAIRIE AGRICOLE DE LA MAISON RUSTIQUE
26, RUE JACOB, 26

CONIFÈRES

DE PLEINE TERRE

TYPOGRAPHIE FIRMIN DIDOT. — MESNIL (EURE)

BIBLIOTHÈQUE DU JARDINIER

PUBLIÉE

AVEC LE CONCOURS DU MINISTRE DE L'AGRICULTURE

CONIFÈRES
DE PLEINE TERRE

PAR

A. DUPUIS

MEMBRE DE LA SOCIÉTÉ LINNÉENNE DE BRUXELLES
DE L'ACADÉMIE D'AGRICULTURE DE TURIN, ETC.

OUVRAGE ORNÉ DE 47 GRAVURES

PARIS

LIBRAIRIE AGRICOLE DE LA MAISON RUSTIQUE
26, RUE JACOB, 26

CONIFÈRES

DE PLEINE TERRE.

CHAPITRE I.

CONSIDÉRATIONS GÉNÉRALES.

I. CARACTÈRES.

Les Conifères sont plus souvent désignées, dans le langage usuel, sous les noms d'*arbres résineux* ou *arbres verts*, et, en termes forestiers, sous celui de *bois résineux*. Elles forment un des groupes les plus naturels et les mieux définis du règne végétal. Leurs caractères organographiques présentent des particularités remarquables, souvent exceptionnelles, au double point de vue de la science et des applications pratiques. Aussi croyons-nous devoir entrer, sur ce sujet, dans des détails assez circonstanciés.

Le groupe des Conifères, considéré, suivant les divers auteurs, tantôt comme une famille, tantôt comme une classe, renferme surtout des arbres, souvent très-grands, et aussi un certain nombre d'arbrisseaux et d'arbustes. Leur tige, ordinairement simple, régulière, droite, cylindrique ou plutôt longuement conique, se divise, à ses divers étages, en rameaux épars ou plus souvent verticillés, dont la longueur diminue, en général, à mesure qu'ils se rapprochent du sommet de l'arbre; de là résulte cette forme élancée, pyramidale ou mieux conique, qui caractérise ces végétaux.

Les vaisseaux que renferment la tige et les rameaux des Conifères se réduisent à quelques trachées distribuées dans l'étui médullaire. Le bois est constitué par des fibres ou cellules allongées, en apparence ponctuées, ce qui tient aux dépressions concaves dont leur surface est parsemée et qui sont placées en face l'une de l'autre.

Ce bois est imprégné de sucs résineux plus ou moins abondants, qui se rassemblent surtout dans de grandes lacunes disposées régulièrement sous l'écorce. Cette particularité, jointe à sa structure, lui communique des propriétés spéciales, notamment l'élasticité, la durée et la résistance aux causes diverses de destruction. Aussi ce bois se conserve-t-il souvent très-longtemps, au point que, dans certaines espèces, il passe pour incorruptible.

Les feuilles sont généralement coriaces, étroites, *aciculées* ou en forme d'*aiguilles*, dont elles portent même le nom dans le langage forestier; on les dirait constituées uniquement par les pétioles; on en voit des exemples dans les pins, les épicéas, les mélèzes, les cèdres. Souvent même elles sont réduites à l'état rudimentaire et présentent l'aspect de simples écailles, comme dans les cyprès, les genévriers, les thuias. Souvent aussi elles s'élargissent plus ou moins, comme on peut le voir dans le sapin, l'if, l'araucaria et surtout dans le ginkgo.

Quant à leur disposition, elles présentent tous les cas possibles; car elles sont, suivant les genres, solitaires ou réunies, éparses, distiques, opposées, verticillées, fasciculées ou imbriquées.

Dans presque toutes les Conifères, les feuilles persistent plusieurs années et ne tombent qu'après avoir été d'avance remplacées par plusieurs générations de nouvelles feuilles. Aussi ces végétaux occupent-ils le premier rang parmi les arbres verts ou à feuillage persistant. Le mélèze, le cyprès chauve, le ginkgo, font seuls exception à la règle.

Les fleurs, ordinairement disposées en chatons, plus rarement solitaires ou groupées en très-petit nombre, sont toujours unisexuées, le plus souvent monoïques, comme dans les pins, les sapins, les cyprès; quelquefois dioïques, comme dans l'if, le ginkgo, la plupart des genévriers, etc. Elles sont d'ailleurs généralement réduites à leur plus simple expression, ou en d'autres termes aux seuls organes essentiels.

Les fleurs mâles, considérées chacune en particulier, consistent en une étamine ou une simple écaille munie d'une ou de plusieurs anthères à sa face inférieure; quelquefois deux ou plusieurs étamines se soudent ensemble, en sorte que l'anthère présente une ou deux loges. La réunion de ces fleurs, ordinairement nombreuses, constitue de petits chatons, qui souvent se groupent à leur tour en une sorte d'épi serré.

Les fleurs femelles, quelquefois solitaires ou réunies par deux ou trois, mais le plus souvent groupées en chatons, consistent chacune en une écaille, souvent accompagnée d'une bractée membraneuse, et portant à sa base interne un ou plusieurs ovules nus, deux dans la plupart des cas. Après la fécondation, ces écailles se rapprochent, s'imbriquent et se serrent hermétiquement.

Le fruit est constitué par ces ovules transformés en graines et accompagnés de bractées ou écailles diversement modifiées.

Dans la plupart des genres, ce fruit est un *strobile*, vulgairement nommé *cône*, à cause de sa forme la plus ordinaire; il se compose de nombreuses écailles ligneuses, étroitement imbriquées en spires régulières autour d'un axe de même nature, et dont chacune porte à son aisselle deux graines ailées; exemples : le pin, le sapin, le cèdre, le mélèze, etc.

D'autres fois, les écailles sont peu nombreuses et plus ou moins charnues ; le fruit prend alors le nom de *galbule*, comme dans le cyprès, le thuia, le genévrier, etc.

Enfin, dans certains genres, le fruit consiste en une seule graine plus ou moins complétement enveloppée par une cupule charnue ; exemples : l'if, le ginkgo, l'uvette, etc.

La graine présente une enveloppe coriace ou crustacée, souvent prolongée en aile membraneuse, et plus ou moins soudée avec l'albumen, qui est charnu et huileux.

L'amande renferme plusieurs embryons rudimentaires, disposés en verticille autour d'un embryon central, qui seul se développe ; ce dernier a l'extrémité de sa radicule soudée avec l'albumen, et présente deux cotylédons, le plus souvent divisés en lobes très-profonds , ce qui a fait attribuer à ces végétaux plusieurs cotylédons verticillés.

II. VÉGÉTATION.

Outre les caractères que nous venons d'exposer, les conifères présentent, dans leur végétation, quelques particularités intéressantes, dont il faut tenir compte.

En général, ces végétaux possèdent un ensemble de racines pivotantes ou traçantes suffisamment développées pour leur donner une assiette solide. Néanmoins quelques-uns d'entre eux, comme l'épicéa, sont assez faiblement attachés au sol pour que, dans certains cas, les vents les déracinent facilement.

Les Conifères ont, pour la plupart, une disposition marquée à croître en hauteur, même quand les sujets sont plantés isolément ; et, comme beaucoup d'entre elles possèdent une grande longévité, elles arrivent à des dimensions considérables. On cite des *sequoia*, contemporains du déluge, qui dépassent cent mètres d'élévation.

Toutes les parties de ces végétaux, notamment les tiges,

renferment des sucs particuliers, désignés sous le terme collectif de *résine*, mais qui prennent des noms différents, suivant les espèces. Dans l'état normal, cette résine suinte en gouttelettes à la surface des écorces, des fruits ou d'autres organes. Mais, si une lésion volontaire ou accidentelle vient à se produire, il en résulte un écoulement continu et plus ou moins abondant. Tant qu'il ne dépasse pas une certaine limite, cet écoulement ne paraît pas affecter sensiblement la santé du végétal; mais il n'en est plus de même dès qu'il devient trop abondant.

Quand les Conifères ont été coupées rez terre, leur souche ne produit pas de nouveaux rejets; on ne peut donc exploiter ces arbres qu'en futaie et non en taillis. Les exceptions signalées sont ou si rares, ou si mal constatées, ou si peu probantes, qu'elles ne sauraient infirmer la règle. Toutefois, quand l'arbre a été coupé à une certaine distance du collet, il peut se développer des bourgeons latents, du moins dans certaines espèces, et alors le sujet peut être exploité en têtards.

A plus forte raison cet effet se produit-il quand on coupe les rameaux; il se forme alors de nouvelles pousses, comme on peut l'observer sur les ifs, les cyprès, les thuias, les genévriers, etc., qu'on plante en lignes, dans les jardins et les pépinières, pour en faire des abris et des brise-vents.

Les feuilles des arbres résineux, généralement persistantes, paraissent, par suite de leurs fonctions physiologiques, exercer sur l'atmosphère une action qui n'a pas encore été suffisamment étudiée.

La fécondation, dans les arbres résineux, s'opère de la manière la plus simple et la plus assurée. Ici, en effet, les ovules sont nus, et reçoivent directement l'action immédiate du pollen. Telle est du moins la théorie généralement adoptée aujourd'hui. Le pollen est ordinairement très-abondant; au moment de son émission, grâce à la position des fleurs mâles aux extrémités des rameaux, l'arbre paraît souvent environné d'une sorte de nuage. En tombant sur le sol, le pollen le couvre d'une couche plus ou moins épaisse de poussière jaune. Les prétendues pluies de soufre n'ont pas d'autre origine.

La maturation des fruits s'accomplit très-lentement; il est rare qu'elle s'achève dans le courant d'une année; le plus souvent, elle se répartit sur deux ans, ou même davantage. Aussi certaines essences, notamment les pins, peuvent-elles, à un moment donné, présenter des cônes de trois âges différents.

La dissémination ou dispersion naturelle des graines se fait de diverses manières : dans l'if ou le ginkgo, la graine tombe avec le fruit même qui la renferme ; dans le cèdre ou le sapin, elle se détache avec l'écaille qui l'abritait ; dans les pins ou l'épicéa, les écailles s'entr'ouvrent simplement pour la laisser échapper.

Dans la plupart des cas, la graine est légère et munie d'une aile membraneuse qui donne beaucoup de prise au vent. Aussi est-elle entraînée à une distance plus ou moins grande de l'arbre qui l'a produite. Comme d'ailleurs ces graines sont souvent très-abondantes, il en résulte qu'un seul arbre peut repeupler autour de lui une étendue assez considérable. Dans les forêts d'épicéas, chaque coupe est souvent exploitée *à blanc étoc*, c'est-à-dire sans laisser de réserves ; et néanmoins, pourvu qu'elle ne soit pas trop large, elle est suffisamment repeuplée par les graines qui proviennent des massifs voisins.

La vitalité des graines de Conifères varie beaucoup, suivant les espèces, l'époque de la récolte, le mode de conservation, etc. En général on peut dire qu'elle est assez courte ; les graines qui germent encore au bout de plusieurs années peuvent être regardées comme des exceptions. Aussi, pour être sûr du succès d'un semis, faut-il employer autant que possible les graines les plus récentes et les plus fraîches.

Des différences analogues à celles qu'on remarque dans

la vitalité des graines se retrouvent dans la durée de la
germination et dans la proportion des plants qui lèvent.
Il n'est pas rare de voir des semences germer dans le cône
même. Les graines des sapins lèvent quelquefois au bout
de quinze jours, tandis que celles du pin cembro et des
genévriers ne se développent souvent que la seconde
année. Nous renverrons, pour compléter ce sujet, au chapitre concernant la *culture*.

III. DISTRIBUTION GÉOGRAPHIQUE.

Ce n'est pas seulement au point de vue botanique que
l'étude de la distribution géographique des Conifères présente de l'intérêt ; elle fournit encore les données les plus
sûres pour les essais de naturalisation.

Cette famille renferme environ cinq cents espèces aujour-
d'hui connues ; elles sont disséminées sur toute la surface du
globe, mais fort inégalement réparties entre ses diverses
régions.

La majeure partie des Conifères se trouve dans les zô-
nes tempérées, et l'hémisphère nord semble sous ce rapport plus riche que l'hémisphère sud. Les genres qui croissent dans cette dernière région, et surtout en Australie ou
dans les îles voisines, se font remarquer par un port, un
feuillage, des fruits, en un mot des caractères tout particuliers. Les arbres verts jouent un rôle important dans la végétation forestière.

Quelques-unes des espèces qui habitent notre hémisphère
s'avancent fort loin vers le nord. Mais elles deviennent de
plus en plus rares à mesure qu'elles se rapprochent du pôle,
et affectent, vers la limite de leur végétation, un port assez
étrange. Leurs rameaux se dirigent alors vers le midi, et
fournissent une sorte de boussole naturelle au voyageur qui
s'aventure dans ces régions désolées.

Les Conifères sont relativement peu nombreuses dans les contrées tropicales, et là on les rencontre souvent dans les montagnes. En général, du reste, les arbres de cette famille s'élèvent à d'assez grandes altitudes ; mais, quand ils arrivent à une certaine limite, leurs dimensions diminuent beaucoup, et ils sont souvent réduits à l'état d'arbrisseaux.

Dans les pays froids et moins civilisés, les arbres résineux couvrent de vastes étendues et forment d'immenses forêts, que n'ont pas encore atteintes les défrichements.

La plupart des observations précédentes s'appliquent surtout aux Abiétinées. Les pins, sapins, épicéas, mélèzes, cèdres, séquoias, paraissent avoir leur séjour de prédilection dans les régions centrales de l'Europe, de l'Asie et de l'Amérique du Nord. Ces genres manquent dans l'Amérique du Sud et l'Océanie, où ils sont remplacés par les araucarias et les dammaras, aux formes toutes particulières.

On peut en dire autant des Cupressinées. C'est à l'hémisphère boréal qu'appartiennent les cyprès, les thuias, les genévriers, les taxodiers, etc. ; toutefois l'hémisphère austral possède aussi quelques genres, notamment les frénèles et les pachylépis.

La progression inverse s'observe dans les Taxinées. Rares dans la zone tempérée du nord, elles augmentent sous l'équateur, et plus encore dans la zone tempérée australe, où se touvent la plupart des espèces appartenant surtout aux genres dacrydie et podocarpe.

Quant aux Gnétacées, on les trouve notamment dans les régions chaudes ; mais quelques-unes s'avancent jusque sur les bords du bassin méditerranéen et remontent même jusqu'en Sibérie.

Bien que chaque espèce ait ses exigences spéciales, les arbres résineux préfèrent en général les climats doux, tempérés, moyens. Ils doivent sans doute à la nature de leurs sucs une rusticité qui leur permet de résister beaucoup mieux que d'autres végétaux aux températures extrêmes; toutefois ils sont sensibles à l'excès du froid et même de la chaleur, aux grands vents, notamment aux vents marins, aux brusques variations atmosphériques; et cela surtout quand ces arbres sont jeunes ou qu'ils appartiennent à des espèces récemment introduites.

Il y a, entre autres, une circonstance dont on n'a pas assez tenu compte. Comme nous le disions, il y a dix ans, à la Société d'acclimatation, ces arbres, dans leur station naturelle, forment ordinairement des massifs forestiers assez étendus. Transportés dans nos cultures, ils s'y trouvent d'abord, vu la rareté et le prix élevé des sujets, à l'état isolé. Or on sait combien cette condition influe sur la végétation même des essences indigènes qui peuplent nos forêts, ce qui oblige à exploiter celles-ci d'après certaines règles. De là les insuccès auxquels aboutissent assez souvent les essais d'introduction, quelque soin que l'on prenne d'ailleurs de mettre les essences exotiques dans des conditions climatologiques analogues à celles de leur pays natal.

On sait combien la France présente une grande variété de climats. On peut donc prévoir d'avance que la majeure partie des arbres résineux pourra être cultivée en plein air sur notre sol, au moins dans quelques-unes de nos provinces. Le pin de lord Weimouth, le cèdre du Liban, le cyprès chauve, le séquoia ont déjà en quelque sorte acquis chez nous leurs titres de naturalisation.

IV. ROLE DÉCORATIF DES CONIFÈRES.

Les arbres verts ont toujours été fort recherchés pour l'ornementation des jardins et des grands parcs. Leur vogue n'a fait que s'accroître dans ces dernières années, par suite de l'introduction de nombreuses espèces et variétés nouvelles, qui sont dues, les unes aux recherches des botanistes voyageurs, les autres aux heureux hasards de l'horticulture.

Depuis les gigantesques séquoias, qui dépassent la hauteur de cent mètres, jusqu'aux humbles éphédras, dont les rameaux grêles rampent sur le sol, nous trouvons dans le groupe des conifères tous les degrés de développement. La culture permet d'ailleurs, du moins dans bien des cas, de restreindre les dimensions des espèces, suivant l'objet auquel on les destine.

Ce qui recommande surtout les Conifères aux amateurs des jardins, c'est d'une part leur port tout particulier, de l'autre l'élégance et la vigueur de leur feuillage persistant.

La tige de ces arbres est presque toujours droite et verticale, recouverte d'une écorce grise, brune ou rougeâtre. Les rameaux affectent, quant à leur direction, trois dispositions principales, qu'on peut trouver parfois dans un même genre : ils sont dressés ou fastigiés, comme dans le cyprès commun; étalés horizontalement, comme dans le cyprès de Montpellier, le cèdre, l'épicéa; pendants, comme dans le cyprès funèbre, l'araucaria du Brésil, etc. On observe entre ces trois états tous les intermédiaires; la direction des rameaux varie du reste, sur le même arbre, suivant l'âge du sujet.

Si l'on se rappelle d'ailleurs que la longueur relative de ces rameaux diminue à mesure qu'ils se rapprochent du sommet de l'arbre, on se rendra facilement raison de la forme conique de la cime, qui imprime à la plupart des Conifères leur port caractéristique.

On a reproché quelquefois à ces arbres cette régularité géométrique et en quelque sorte excessive, qui leur donne quelque chose de raide, cette uniformité qui finit par engendrer la monotonie. Cette observation a quelque chose de vrai, si l'on n'a en vue que nos grandes espèces indigènes, celles que nous sommes surtout habitués à voir. Elle devient aussi d'une vérité frappante quand on l'applique à certaines espèces d'araucarias, notamment à celui du Chili.

Mais si l'on se place à un point de vue plus large et plus élevé, si l'on envisage l'ensemble du groupe des Conifères, on sera amené à modifier ce jugement défavorable. On remarquera que certains pins, en avançant en âge, se dépouillent de leurs branches inférieures; alors leur cime s'arrondit; elle devient même gracieusement étalée dans le pin pignon, qui doit à ce caractère son nom populaire de pin parasol. Sans vouloir multiplier outre mesure ces exemples, nous citerions encore les genévriers, et surtout le genévrier de Virginie; nous pourrions signaler aussi le gingko, dont le port ne rappelle pour ainsi dire en rien celui de nos arbres verts.

Le feuillage des Conifères, presque toujours persistant, est d'un vert plus ou moins intense; de là, surtout dans les grands massifs, une teinte sévère, souvent sombre, rarement relevée par des fleurs ou des fruits aux couleurs brillantes. Toutefois les nuances présentent encore assez de variété, et d'ailleurs la liste toujours croissante des nouveautés vient augmenter sur ce point les ressources du dessinateur de jardins.

D'un côté, les botanistes voyageurs ont importé des espèces à feuilles glauques, bleuâtres ou argentées, ou bien encore présentant à l'une de leurs faces, ou sur les deux, des teintes pourpres ou ferrugineuses, comme dans les dacrydies et les podocarpes. De l'autre, les semeurs ont obtenu de nombreuses variétés à feuillage panaché de jaune ou de blanc.

Les fleurs des Conifères, généralement petites et verdâtres, se confondent à l'œil avec la masse du feuillage; elles sont donc à peu près insignifiantes, au point de vue où nous nous plaçons.

Les fruits présentent à cet égard un peu plus d'intérêt. Par leur nombre, leur volume, leur forme ou leur couleur, ils peuvent ajouter à l'effet ornemental de certaines espèces. Qu'il nous suffise de citer comme exemples le pin pignon, le pin de Lambert, l'épicéa, le cèdre, le cyprès, les genévriers, l'if, le ginkgo, etc.

Des détails que nous venons de donner il résulte que les Conifères constituent pour les jardins un élément décoratif très-précieux, mais qui ne doit pas être employé sans discernement. Les sujets de grande dimension conviennent surtout aux parcs et aux jardins d'une vaste étendue, soit qu'on les plante isolés sur les pelouses, soit qu'on les groupe en massifs vers les derniers plans; dans ce dernier cas, ils forment un excellent repoussoir pour les végétaux florifères ou à feuillage coloré. Dans les terrains accidentés, ces arbres doivent être surtout placés sur les points élevés, dont ils augmentent la hauteur apparente.

Entre les deux dispositions dont nous venons de parler, il est un terme moyen, qui consiste à réunir par petits groupes les sujets de même espèce. Cette disposition, qui convient aux parcs ou aux jardins de médiocre étendue, s'applique notamment aux arbres dont le port n'est pas assez élégant pour qu'on les plante isolés, ou qui sont trop rares pour pouvoir constituer de grands massifs.

Sauf des cas tout à fait exceptionnels, on ne doit jamais planter les Conifères en lignes ou en avenues; c'est ici surtout que la monotonie serait à craindre. Ces lignes offriraient d'ailleurs une sorte de crête dentelée d'un aspect peu gracieux.

Sur les pelouses ou dans les intervalles des massifs des grands parcs, ainsi que dans les petits jardins, on donnera la préférence aux sujets de petite taille, dont la cime est généralement arrondie et assez élégante. On pourra choisir des variétés à feuillage coloré ou panaché.

Ces dernières espèces, surtout quand elles sont rares ou d'un tempérament délicat, peuvent être cultivées en vases ou en caisses, et servir, à défaut de plantes fleuries, pour orner les perrons et les vestibules des demeures aristocratiques.

Les arbres verts, notamment l'if, ont joué autrefois un grand rôle dans les jardins dits de style français, symétrique ou régulier. Là, le goût du temps les soumettait, par une taille rigoureuse, aux formes géométriques les plus étranges.

Les Conifères sont encore les arbres qu'on emploie de préférence pour orner les monuments funéraires, autour desquels on les plante. On trouve souvent, dans les cimetières des grandes villes, de longues allées d'arbres verts, dont l'aspect sévère et mélancolique concorde d'ailleurs parfaitement avec les idées tristes qu'éveillent ces lieux.

CHAPITRE II.

ÉTUDE DES ESPÈCES.

Nous avons exposé, au commencement de ce livre, les caractères généraux des Conifères, ce groupe si naturel, que plusieurs botanistes ont élevé au rang de *classe*. Nous continuons à le considérer comme simple *famille*, dénomination qui nous paraît ici très-heureusement appliquée. Cette famille renferme un assez grand nombre de genres, qui se répartissent en quatre subdivisions ou tribus, admises aussi par tous les auteurs :

I. Abiétinées : G. pin, sapin, épicéa, mélèze, cèdre, araucaria, etc.

II. Cupressinées : G. cyprès, taxodier, thuia, callitris, genévrier, etc.

III. Taxinées : G. if, ginkgo, torreya, dacrydie, podocarpe, etc.

IV. Gnétacées : G. thoa, éphédra, etc. Cette tribu est quelquefois regardée comme une famille distincte.

Conformément à notre titre, nous nous occuperons spécialement des Conifères qui peuvent être cultivées en pleine terre, soit dans toute l'étendue de la France, soit au moins dans une notable partie de son territoire. Nous ferons toutefois quelques exceptions pour un certain nombre d'espèces qui ne rentrent pas dans cette catégorie, mais qui appartiennent à des types génériques trop intéressants pour être passés sous silence. Nous renverrons, pour l'étude complète de ces végétaux, au savant *Traité général des Conifères*, par M. E.-A. Carrière, le meilleur livre, sans contredit, qu'on ait écrit sur ce sujet.

Nous devons prévenir d'avance, une fois pour toutes, que les chiffres dont nous ferons usage pour indiquer les dimensions ne doivent pas être pris avec une rigueur absolue. Ils indiquent en général des moyennes, susceptibles de varier en plus ou en moins, suivant le climat, le sol ou les autres conditions de la végétation.

I. ABIÉTINÉES.

Les Abiétinées sont presque toutes de grands arbres, à feuilles le plus souvent roides, étroites, linéaires ou en aiguille, parfois ovales-allongées ou squamiformes, éparses ou fasciculées, ordinairement persistantes. Les fleurs, en général monoïques, plus rarement dioïques, le plus souvent accompagnées de bractées, sont situées à l'aisselle d'écailles imbriquées autour d'un axe commun. Les chatons mâles présentent des étamines nombreuses, à filets courts et épais, à an-

thères divisées, dans la plupart des cas, deux loges sépa-
rées par un connectif élargi. Les chatons femelles présentent
de nombreuses écailles, dont chacune porte à sa face interne deux ovules, rarement plus ou moins. Le fruit se compose d'écailles ligneuses ou coriaces, généralement disposées
en un cône plus ou moins ovoïde, surtout à la base. Sa maturation est en général bisannuelle, plus rarement annuelle.
Chacune des écailles porte à sa face interne deux graines
ovoïdes, presque toujours munies d'une aile membraneuse,
adhérente ou caduque.

Pin (*Pinus*).

Les Pins sont généralement de grands arbres, à rameaux
verticillés, portant des feuilles longues, linéaires, persistantes, réunies, au nombre de deux à cinq, rarement davantage, par une gaîne membraneuse qui entoure leur base.
Les fleurs sont disposées en chatons monoïques : les mâles,
groupés en épis, à la base des jeunes pousses de l'année; les
femelles, solitaires ou fasciculés à l'extrémité des rameaux.
Le fruit, dont la maturation est bisannuelle, est un cône
plus ou moins ovoïde, composé d'écailles ligneuses, épaissies
en massue vers leur sommet, qui présente à l'extérieur une
apophyse plus ou moins pyramidale et proéminente. Chaque
écaille porte à sa base interne deux graines en général munies d'une aile membraneuse.

Ce genre est très-nombreux en espèces; il comprend à lui
seul environ le tiers des Conifères connues. La plupart croissent dans les régions tempérées de l'hémisphère nord.

On peut évaluer à une centaine les espèces indigènes ou
introduites dans nos cultures; la plupart de ces dernières
proviennent de l'Amérique du Nord. Il en est un assez grand
nombre qu'on peut cultiver en plein air sous la latitude de
Paris; les autres s'accommodent en général des climats de

l'Anjou et de l'ouest de la France, à plus forte raison de celui des provinces méridionales, notamment de la basse Provence. Les Pins sont en général peu exigeants quant à la nature du sol, et quelques-uns rendent de grands services pour la mise en valeur des terres pauvres.

Pour faciliter l'étude des espèces les plus intéressantes, qui ne laissent pas que d'être encore assez nombreuses, nous suivrons la division généralement adoptée. Nous formerons ainsi trois groupes assez naturels, et surtout faciles à reconnaître, suivant que les Pins ont les feuilles *géminées*, *ternées* ou *quinées*, c'est-à-dire réunies au nombre de deux, de trois ou de cinq dans la même gaîne.

A. Pins à feuilles géminées.

— Le pin sylvestre (*Pinus sylvestris*), vulgairement *pin commun, pin d'Écosse, de Genève, de Riga, de Russie, de Haguenau, pin rouge* ou *pinasse* (fig. 1), atteint et dépasse même la hauteur de 25 mètres. Ses rameaux nombreux, étalés, en général verticillés, portent des feuilles longues d'environ 7 centimètres, d'un vert clair et un peu glauque, parfois grisâtre ou argenté; ses cônes, solitaires ou groupés en très-petit nombre, sont longs de 5 cent., élargis à la base, aigus au sommet, légèrement courbés, à écailles terminées en pointe; les graines, très-petites, d'un gris cendré ou roussâtre, sont munies d'une aile mince, presque transparente, et qui se détache très-facilement.

Cette espèce, indigène ou cultivée en grand dans des localités très-diverses, présente des variétés nombreuses, qui expliquent la multiplicité des noms vulgaires sous lesquels elle est désignée.

Nous citerons, entre autres, les variétés dites *d'Écosse* ou *de Riga*, à écorce unie et rougeâtre; *fastigiée*, à rameaux dressés contre la tige, à feuilles plus courtes et à cônes plus petits; à *bouquets*, dont les cônes sont groupés en très-

Fig. 1. — Pin sylvestre.

grand nombre par fascicules ; *de l'Oural*, à rameaux compactes, portant des feuilles courtes et roides ; *spirale*, à feuilles assez grosses, contournées en spires autour des rameaux. Il y a aussi des variété naines, buissonnantes, à feuillage glauque, gris argenté ou panaché de blanc jaunâtre.

Cette espèce, très-rustique, est répandue dans toute l'Europe centrale et boréale, ainsi que dans le nord de l'Asie. Elle forme de vastes forêts, et occupe le premier rang comme utilité, sinon comme agrément.

— Le pin nain (*P. pumilio*), appelé aussi *mugho*, *pin de montagne*, *torchepin*, etc., est un arbrisseau souvent buissonneux, étalé, dépassant rarement la hauteur de 5 mètres. Ses rameaux nombreux portent des feuilles d'un vert sombre, de 4 cent., et des cônes ovoïdes, obtus, longs de 5 cent. en moyenne.

Cette espèce, que plusieurs auteurs rapportent, comme simple variété, au pin sylvestre, se rapproche tout autant, d'après M. Carrière, du pin Laricio. Elle est très-répandue dans les montagnes de l'Europe.

— Le pin de Banks (*P. Banksiana*) est un arbre d'environ 8 mètres, grêle et tortueux, à rameaux courts, irréguliers, étalés, diffus, portant des feuilles de 3 cent., d'un vert sombre, très-rapprochées ; ses cônes, en général géminés, sont d'un gris cendré ou jaunâtre, et rappellent assez ceux du pin sylvestre ; il en est de même des graines.

Cette espèce habite les parties froides de l'Amérique boréale.

— Le pin à fleurs serrées (*P. densiflora*), appelé par les Japonais *aka-matsu* (pin rouge), atteint 15 mètres de hauteur ; son écorce est lisse et d'un brun cendré ; ses feuilles, longues de 9 cent., minces, roides, finement dentées. Ses cônes, ovoïdes-coniques, atténués au sommet, longs de 4 à 5 cent., renferment de petites graines ovoïdes, à aile obtuse et blanchâtre. Il croît au Japon.

— Le pin Tamrac (*P. Tamrac*) est un arbre de moyenne hauteur (fig. 2), à cime pyramidale; ses feuilles, longues de

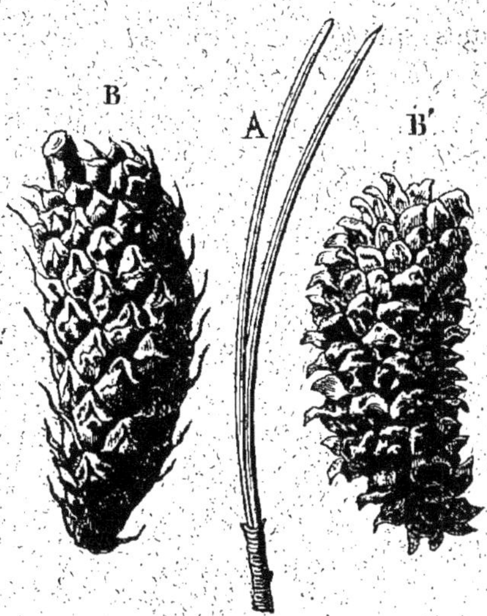

Fig. 2. — Pin Tamrac. — A. Feuilles. — B. Jeune cône. — B'. Cône mûr.

6 cent., sont roides, d'un vert glauque ; ses cônes, rougeâtres, longs de 5 cent., renferment des graines petites, ovoïdes, striées de rouge, munies d'une aile assez courte.

Cette espèce, qui croît dans les montagnes de la Californie, paraît se rapprocher beaucoup du pin sylvestre. Elle est encore peu connue ; on sait seulement que son bois est de qualité supérieure.

— Le pin de Masson (*P. Massoniana*) est un arbre de 20 mètres, à rameaux étalés, portant des feuilles de 10 à 12 cent., roides, aiguës, un peu dentelées, glauques sur les deux faces. Ses cônes, longs de 5 cent., d'un brun marron, renferment des graines anguleuses, à aile d'un blanc roussâtre.

Cette espèce, qui présente plusieurs variétés, une entre autres à feuillage panaché de blanc jaunâtre, se trouve en grande abondance au Japon, où elle est fréquemment cultivée.

— Le pin Laricio (*P. Laricio*), appelé aussi *pin de Corse*, est un grand arbre de 30 à 40 mètres (fig. 3). Quand il

Fig. 3. — Pin Laricio.

croît isolé, il forme une pyramide élancée, garnie de branches dès la base. Sa tige droite se divise en branches verticillées, étalées ou un peu défléchies, portant des feuilles de 12 cent., souvent diffuses et contournées. Ses cônes, longs de 6 cent., ordinairement groupés en petit nombre, un peu courbés, obtus au sommet, renferment des graines ovoïdes, grisâtres et assez volumineuses.

Le pin Laricio présente d'assez nombreuses variétés, à port plus ou moins élancé; à rameaux plus ou moins longs, quelquefois dressés, d'autres fois pendants; à feuillage vert foncé, ou grisâtre, ou panaché de blanc jaunâtre. Quelques-unes de ces formes diffèrent assez du type pour qu'on les ait érigées en espèces distinctes; tels sont les pins dits *de*

Calabre, de Caramanie, de Pallas, etc. Il y a aussi des variétés naines et buissonnantes, parmi lesquelles nous citerons particulièrement le pin *Laricio de Bujot*.

Cette espèce est répandue dans tout le midi de l'Europe
et dans les contrées austro-occidentales de l'Asie. La culture l'a d'ailleurs propagée bien plus avant vers le nord.

— Le pin de Saltzmann (*P. Saltzmanni*), appelé aussi *pin
de Montpellier*, est un arbre de 20 mètres, à rameaux nombreux, étalés, couverts d'une écorce jaune-rougeâtre, portant
des feuilles longues de 12 à 15 cent., droites, assez fines, d'un
vert clair, et des cônes longs de 8 cent., un peu courbés,
amincis et obtus au sommet, d'un jaune roussâtre luisant.

Cet arbre est abondant aux environs de Montpellier et sur
le versant sud des Pyrénées. Dans les localités exposées aux
grands vents, il est souvent rompu et affecte alors une forme
buissonnante.

Quelques auteurs l'ont regardé comme une variété du pin
Laricio, et on le confond souvent encore avec le pin des
Pyrénées, qui en diffère beaucoup et dont nous parlerons
plus loin.

— Le pin de Fenzley (*P. Fenzleyi*) ressemble beaucoup
au précédent, dont il diffère surtout par ses feuilles plus
contournées et plus distantes ; ses jeunes rameaux à écorce
rouge-brun clair, et ses cônes plus courts. On le trouve en
Grèce et en Asie Mineure.

— Le pin rouge (*P. rubra*), dit aussi *pin résineux*, est
un arbre de 25 mètres, à feuilles d'un vert sombre, longues
de 13 cent., réunies en paquets à l'extrémité des rameaux. Ses chatons femelles sont bleuâtres. Le cône, long
de 3 cent., est arrondi à la base et aigu au sommet. D'après
Michaux, il laisse échapper ses graines la première année.

Cet arbre croît dans les régions centrales de l'Amérique
du Nord.

— Le pin noir d'Autriche (*P. Austriaca*), très-voisin

du pin Laricio, en diffère par sa taille moins élevée ; ses rameaux nombreux et très-rapprochés ; ses feuilles longues de 10 cent., d'un vert sombre, comme noirâtre, d'ailleurs plus roïdes, plus rapprochées et plus dressées le long des rameaux.

On possède une variété à feuillage panaché de blanc jaunâtre.

Cette espèce croît dans les diverses provinces de l'Autriche ; elle a été introduite dans la Champagne. Plus rustiques que le pin Laricio, elle est appelée à rendre des services à la grande culture.

— Le pin des Abruzzes (*P. Brutia*) atteint 25 mètres de hauteur. Sa tige, très-rameuse, est couverte d'une écorce d'abord brunâtre, puis d'un gris cendré. Ses feuilles, longues d'environ 14 cent., dentelées, sont quelquefois ternées. Ses cônes, très-nombreux, presque toujours groupés, étalés, d'un roux foncé, ovoïdes-coniques, obtus, luisants, sont longs de 8 à 10 cent.

Cette espèce habite surtout la Calabre.

— Le pin de Loiseleur (*P. Loiseleuriana*) est un arbre de 12 mètres, à cime arrondie et buissonnante, à feuilles longues de 10 cent., finement dentelées, souvent contournées, étalées. Ses cônes, très-nombreux, ovoïdes-coniques, gris cendré ou rougeâtres, atteignent au plus 5 cent. de longueur.

— Le pin de Perse (*P. Persica*) est un arbre d'environ 10 mètres, à cime pyramidale. Sa tige, couverte d'une écorce lisse, d'un gris cendré, se divise en rameaux courts, verticillés. Ses feuilles nombreuses, quelquefois ternées ou même quaternées, varient en longueur, souvent sur le même rameau, de 4 à 8 cent. Les cônes sont ovoïdes, d'un brun sale, longs de 13 cent.

Cette espèce croît dans les parties méridionales de la Perse.

— Le pin des Pyrénées (*P. Pyrenaica*), vulgairement *Nazaron*, est un grand arbre à écorce gris cendré, à rameaux assez grêles, nombreux, étalés, verticillés. Ses feuilles, quelquefois ternées, sont longues de 10 cent., droites, roides, finement dentelées. Les cônes, longs de 9 cent., un peu courbés, obtus au sommet, fortement pédonculés, renferment des graines ovoïdes, longues de près d'un cent., à aile rousse ou brunâtre.

Cette espèce se trouve sur le versant nord des Pyrénées, ainsi qu'en Espagne et même dans l'Asie Mineure.

— Le pin d'Alep (*P. Halepensis*), appelé aussi *pin blanc* ou *de Jérusalem*, est un arbre de 20 mètres, à tronc souvent incliné ou tortueux, couvert d'une écorce d'abord lisse et gris cendré, puis fendillée et rougeâtre. Ses rameaux étalés, redressés à l'extrémité, portent des feuilles, quelquefois ternées ou même quaternées, longues de 10 à 15 cent., minces, lisses, d'un vert gai. Les cônes, pédonculés, pendants, longs d'environ 10 cent., un peu cylindriques et arqués, jaune fauve ou rougeâtres, luisants, renferment des graines noirâtres, ovoïdes, de moyenne grosseur, à aile roussâtre.

On possède des variétés plus petites de taille, buissonnantes, à cônes très-petits, à tige très-tortueuse et à rameaux très-rapprochés, à feuilles très-courtes, ou panachées de blanc jaunâtre.

Le pin d'Alep est très-répandu sur tout le pourtour du bassin méditerranéen, où sa rusticité le rend précieux. Il croît assez bien en plein air jusque sous le climat de Paris.

— Le pin maritime (*P. maritima*, *P. pinaster*), appelé aussi *pin des Landes* ou *de Bordeaux* (fig. 4), est un arbre de 25 mètres, à rameaux nombreux, verticillés, portant des feuilles de 20 cent., larges, fortes, luisantes, souvent tordues. Les cônes, portés sur de gros et courts pédoncules ligneux, varient en longueur de 10 à 20 cent.; ils sont ovoïdes-coniques, presque pointus au sommet, d'un fauve roussâtre, luisants, à écailles solides, très-serrées et fortement appliquées, et renferment des graines ovoïdes, assez grosses, noires, luisantes, munies d'une aile longue de 2 cent., d'un roux pâle.

Fig. 4. — Pin maritime.

Cette espèce présente plusieurs variétés, de taille plus grande ou plus petite, à feuilles plus ou moins longues, quelquefois glauques ou panachées de blanc jaunâtre, à cônes très-gros ou très-petits, etc.

Le pin maritime croît sur tout le pourtour du bassin méditerranéen; il est très-rustique, et vient bien dans les sables maritimes; aussi l'a-t-on propagé en Gascogne et dans bien d'autres pays.

— Le pin piquant (*P. pungens*) est un arbre de 20 mètres, à rameaux nombreux, irréguliers, diffus, portant des feuilles de 5 cent., épaisses, finement dentelées, souvent tordues, rapprochées. Les chatons mâles sont violacés. Les cônes, sessiles, presque toujours groupés, sont longs de 8 cent., ovoïdes, atténués au sommet.

Cette espèce croît dans les montagnes de la Virginie et de la Caroline du Nord ; elle est très-rustique, mais reste souvent, dans nos cultures, à l'état d'arbrisseau buissonnant.

— Le pin chétif ou pauvre (*P. inops*) peut varier, en hauteur, de 10 à 30 mètres ; quelquefois même il reste à l'état d'arbrisseau. Sa tige, droite ou tortueuse, se divise en rameaux nombreux, grêles, diffus, allongés, à écorce rougeâtre, violacée ou presque glauque. Les feuilles, quelquefois ternées, sont longues de 5 à 10 cent., assez épaisses, roides, d'un vert gai ou foncé, un peu contournées. Les cônes, solitaires ou groupés en petit nombre, sont longs de 6 cent., généralement droits, obtus au sommet.

Cette espèce habite les provinces orientales des États-Unis ; elle est très-rustique, et croît dans les sols arides et sablonneux.

— Le pin doux (*P. mitis*), appelé aussi par les Américains *yellow pine* (pin jaune), est un arbre de 15 à 20 mètres, à rameaux grêles, inégaux, irréguliers, souvent tortueux. Les feuilles, quelquefois ternées, sont longues de 8 à 10 cent., assez minces, dentelées, d'un vert gai. Les cônes, longs de 5 cent., sont ovoïdes-oblongs, un peu atténués au sommet.

Cette espèce, qui ressemble beaucoup à la précédente, croît dans les mêmes localités, et semble habiter de préférence les sols pauvres. Elle reste presque toujours chétive et rabougrie dans nos cultures.

— Le pin de Boursier (*P. Boursieri*) est un arbre de 20 mètres, dont le port rappelle celui du pin sylvestre. Ses feuilles (fig. 5) sont longues de 5 cent., épaisses, roides,

Fig. 5. — Pin de Boursier.

lisses, luisantes. Ses cônes (fig. 6), longs de 6 cent., sont droits, cylindriques, obtus, atténués au sommet, et renferment des graines d'un gris jaunâtre.

Originaire de la Californie, cette espèce végète bien sous le climat de Paris; mais elle est encore très-rare dans nos cultures.

— Le pin pignon (*P. pinea*), appelé aussi *pin cultivé*,

pinier, *pin parasol*, etc., peut dépasser 30 mètres; mais, le plus souvent, il n'atteint guère que la moitié de cette

Fig. 6. — Pin de Boursier (cône).

hauteur. Sa tige, noueuse, nue dans sa partie inférieure, à écorce gris rougeâtre, se couronne de rameaux nombreux, étalés en un large parasol, portant de nombreuses feuilles, quelquefois ternées, longues de 10 à 15 cent., d'un beau vert. Les cônes (fig. 7), longs de 15 cent., ovoïdes-arrondis, très-obtus, d'un roux foncé luisant, renferment des graines ovoïdes, longues d'environ 2 cent., à test très-dur, roux foncé ou brunâtre.

Cette espèce présente plusieurs variétés-, à cônes plus ou moins gros ; la plus intéressante est celle dont les graines ont la coque tendre.

Le pin pignon croît surtout dans la région méditerranéenne; mais il supporte assez bien le climat de Paris.

Ce pin est cultivé dans plusieurs pays, jusqu'en Chine

et au Chili. Ce n'est pas seulement au point de vue ornemental qu'il se recommande; sa graine renferme une amande
comestible, appelée *pignon doux*.

Fig. 7. — Pin pignon.

— Le pin de Frémont (*P. Fremontiana*) atteint rarement la hauteur de 10 mètres. Sa tige, couverte d'une écorce
lisse, d'un gris cendré, se divise en rameaux très-nombreux,
grêles, rapprochés, diffus. Ses feuilles, longues de 5 cent.,
grosses, roides, aiguës, d'un vert clair, sont presque toujours plus ou moins soudées ou accolées entre elles dans
toute leur longueur. Ses cônes nombreux, à écailles épaisses, d'un brun luisant, renferment des graines oblongues
ou ovoïdes, jaunâtres, à test mince et fragile.

Cette espèce est abondamment répandue en Californie;
elle est très-riche en résine, et ses graines sont bonnes à
manger. Elle supporte bien notre climat; mais elle y reste
souvent à l'état d'arbrisseau compacte et buissonnant, dont
l'aspect rappelle un peu celui d'un ajonc.

B. Pins à feuilles ternées.

— Le pin à l'encens (*P. tœda*) atteint la hauteur de 30 mètres; sa tige, à écorce gris cendré ou jaunâtre, porte une cime élargie ; ses feuilles, longues de 20 cent., sont très-finement dentelées ; ses cônes, longs de 10 cent., cylindro-coniques, atténués et obtus au sommet, d'un roux jaunâtre, renferment des graines petites, munies d'une aile très-longue.

Cette espèce croît dans la Floride, la Virginie et la Caroline du Nord; elle forme de vastes forêts dans les champs sablonneux et incultes. Bien que rustique et d'un accroissement rapide, elle ne réussit bien, en France, que dans les provinces du midi et de l'ouest.

— Le pin rude ou à trochets (*P. rigida*) est un arbre de 20 mètres, souvent tortueux et diffus. Ses feuilles, longues de 12 cent., parfois contournées, sont d'un vert foncé. Ses cônes, longs de 5 à 10 cent., souvent agglomérés, renferment des graines très-petites, anguleuses, d'un brun noirâtre.

Ce pin habite la partie orientale des États-Unis. Plus rustique que le précédent, il vient bien dans le centre de la France, mais végète péniblement sous le climat de Paris.

— Le pin tardif (*P. serotina*) est un arbre de 12 mètres, souvent tortueux, à feuilles longues de 12 à 15 cent., à cônes pédonculés, le plus souvent groupés en petit nombre, longs de 8 cent., ovoïdes, obtus, atténués et arrondis au sommet. Il croît sur les côtes de la Floride et de la Caroline.

— Le pin austral (*P. australis, P. palustris*), appelé aussi *pin des marais* et, par les Américains, *boom pine*, atteint 30 mètres de hauteur; ses rameaux peu nombreux, épars, irréguliers, portent des feuilles longues de 25 cent., assez grosses, groupées surtout vers le sommet. Les chatons mâles sont violets et très-nombreux. Les cônes (fig. 8), longs de 18 cent., cylindriques, souvent un peu courbés, d'un gris roussâtre, renferment des graines ovoïdes irrégulières, comprimées, munies d'une aile cartilagineuse très-longue, d'un brun luisant.

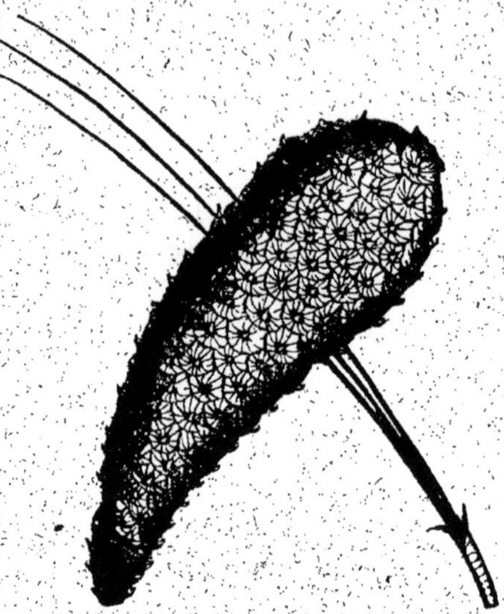

Fig. 8. — Pin austral.

Cette espèce est très-commune dans l'est et le sud des États-Unis, où elle croît surtout dans les terres fraîches. Elle vient en plein air dans le midi et l'ouest de la France, mais ne supporte pas les hivers de Paris.

— Le pin de Bentham (*P. Benthamiana*) dépasse quelquefois 60 mètres, sur 7 mètres de tour; ses branches sont nombreuses et étalées; ses rameaux, à écorce lisse et jaunâtre, portent des feuilles longues de 20 cent., assez grosses, droites, lisses, d'un vert gai. Ses cônes, longs de 10 cent., cylindro-coniques, obtus au sommet, légèrement courbés, d'un jaune roussâtre luisant, renferment des graines ovoïdes-anguleuses, un peu comprimées, longuement ailées.

Ce pin habite la Californie; il est très-rustique.

— Le pin lourd (*P. ponderosa*) ressemble beaucoup au précédent par ses caractères; mais il est moitié plus petit; ses feuilles sont un peu plus grosses et plus roides. Ses cônes, ovoïdes-coniques, d'un gris rougeâtre, renferment des graines brunâtres, un peu plus longues.

Il existe une variété à branches longues, étalées, tortueuses, divisées en rameaux peu nombreux, tortueux, à écorce brune, et portant des feuilles très-grosses, un peu contournées et assez glauques.

Cette espèce croît dans le nord-ouest de l'Amérique, notamment en Californie. Elle est très-rustique.

— Le pin muriqué (*P. muricata*), appelé *obispo* dans son pays natal, est un arbre de 12 à 15 mètres, à rameaux irréguliers, portant des feuilles souvent géminées, rarement quaternées, longues de 8 cent., très-fortes, parfois un peu contournées. Les cônes, généralement groupés, longs de 6 à 8 cent., droits, obtus, atténués au sommet, d'un brun rougeâtre dans le jeune âge, roux foncé ou presque rouges quand ils sont mûrs, renferment des graines d'un brun foncé.

Cette espèce croît en Californie et dans quelques autres régions, souvent à des altitudes très-grandes. Elle est rustique, fructifie de très-bonne heure et végète bien sous le climat de Paris.

— Le pin tuberculé (*P. tuberculata*) est un arbre de 10 à 12 mètres, à rameaux longs, verticillés, portant des feuilles droites, roides, d'un vert foncé. Ses cônes, ordinairement réunis en verticilles, sont longs de 12 à 15 cent., un peu arqués, atténués en pointe obtuse, d'un rouge brun, puis jaunâtres, à écailles très-serrées, portés sur un gros pédoncule.

Cet arbre croît aux environs de Monterey; il est rustique et fructifie bien sous le climat de Paris.

— Le pin remarquable (*P. insignis*) atteint 30 mètres de hauteur; sa tige, couverte d'une écorce grise, se divise en branches et en rameaux nombreux, verticillés, étalés, portant des feuilles de 10 cent., d'un vert foncé, très-rapprochées, souvent contournées. Les cônes, généralement groupés, sont longs de 7 à 8 cent., presque toujours arqués, lisses, luisants, d'un roux foncé, insérés sur un très-court pédoncule.

Il existe une variété à cônes plus gros.

Cette espèce croît en Californie. Elle est rustique, pousse très-vite et se plaît dans les sables maritimes. Elle vient très-bien à Cherbourg et dans d'autres localités, mais souffre parfois des hivers de Paris.

— Le pin de Jeffrey (*P. Jeffreyi*) dépasse 40 mètres de hauteur; ses rameaux gros, à écorce d'un violet glauque, portent des feuilles fortes, étalées, de 1 vert glauque. Ses cônes, longs de 16 cent., ovoïdes-coniques, généralement groupés, renferment des graines ovoïdes ou anguleuses, un peu comprimées, grises, longues de 1 centimètre et plus, munies d'une aile courte, très-mince, blanchâtre, comme échancrée d'un côté.

Cette espèce habite la Californie, et croît dans les sols pauvres.

— Le pin de Coulter (*P. Coulteri*) est un arbre de 30 mètres, à rameaux nombreux, étalés, portant des feuilles de 25 cent., légèrement glauques. Les chatons mâles sont d'un jaune pâle. Les cônes, longs de 20 cent., luisants, en général groupés, renferment des graines anguleuses, longues de 1 cent. et plus.

Cette espèce croît dans les montagnes de la Californie.

— Le pin de Sabine (*P. Sabiniana*) est un bel arbre, atteignant 40 mètres; sa tige droite, à écorce lisse, gris cendré, se divise en branches et en rameaux verticillés, allongés, blanchâtres ou violet glauque, portant des feuilles longues de 20 à 25 cent., finement dentelées, flexueuses, d'un vert glauque. Ses cônes pédonculés, presque verticillés, atteignant jusqu'à 25 cent. de longueur, ovoïdes-obtus, légèrement coniques, jaunâtres ou roux foncé, renferment des graines longues d'environ 2 cent., grosses, arrondies, brun noirâtre, à aile membraneuse brunâtre.

On possède une variété à feuilles panachées de jaune.

Cette espèce habite le nord-ouest de l'Amérique.

— Le pin de Bunge (*P. Bungeana*), appelé par les Chinois *kieu*, est un grand arbre à écorce gris brunâtre, se détachant par plaques qui laissent des bigarrures blanches, à branches nombreuses et diffuses. Ses rameaux grêles, d'un vert pâle ou jaunâtre, luisants, portent des feuilles longues de 7 cent., grosses, roides, aiguës, très-droites, d'un vert pâle. Ses cônes, longs de 5 cent., atténués aux deux bouts, obtus au sommet, ovoïdes, brunâtres, renferment des graines arrondies, longues de près de 1 centimètre.

Cette espèce habite le nord de la Chine, où on mange ses graines; elle est rustique, et végète bien sous le climat de Paris.

— Le pin de Gérard (*P. Gerardiana*), appelé dans l'Inde *neosa*, est un arbre de 20 mètres, à écorce lisse, gris cendré. Ses rameaux nombreux, étalés, portent des feuilles longues, de 10 à 15 cent., grosses, roides, aiguës, d'un vert foncé, souvent glauques. Ses cônes, longs de 16 cent., ovoïdes, atténués et obtus au sommet, renferment des graines longues de 2 cent.

Cet arbre est originaire de l'Inde, où ses graines sont recherchées comme aliment. Il supporte bien nos climats, mais il y vient mal de semis; il vaut mieux le greffer, même sur le pin sylvestre.

— Le pin à longues feuilles (*P. longifolia*) est un arbre de 30 mètres, à écorce épaisse, gris cendré ou jaunâtre, se détachant par plaques. Ses rameaux irréguliers et peu nombreux ont des feuilles longues de 20 cent., très-fines, lisses, luisantes et d'un vert clair. Les cônes, longs de 15 cent., roux foncé, renferment des graines anguleuses, roussâtres, longuement ailées.

Originaire des montagnes de l'Inde, ce pin croît et fructifie en plein air sur les côtes de la Provence.

— Le pin des Canaries (*P. Canariensis*) est un arbre de 25 mètres, à écorce subéreuse et rougeâtre; ses rameaux épars et irréguliers portent des feuilles longues de 18 cent., dentelées, souvent chiffonnées. Ses cônes, sessiles, longs de 12 cent., à sommet obtus, renferment des graines anguleuses, comprimées, assez grosses, très-longuement ailées.

Originaire des montagnes des Canaries, cette espèce est un peu plus sensible au froid que la précédente.

— Le pin de Chine (*P. Sinensis*) dépasse rarement 15 mètres; sa tige est unie à la base; ses feuilles, longues de 15 cent., lisses, d'un vert foncé, quelquefois géminées; ses cônes, longs de 5 cent., ovoïdes, brunâtres, à écailles épaisses, renferment des graines très-petites, longuement ailées.

Cette espèce habite l'Inde, la Chine et le Népaul; elle végète et fructifie bien en plein air, à Angers.

— Le pin étalé (*P. patula*) atteint 25 mètres; ses branches étalées se divisent en rameaux allongés, grêles, portant des feuilles longues de 12 cent., très-fines, étalées, flasques; ses cônes, en général groupés, longs de 10 cent., pointus au sommet, lisses, d'un jaune pâle, ont des graines petites, longuement ailées.

Il y a des variétés à cônes plus gros ou plus petits.

Cette espèce est très-commune dans les régions froides et montagneuses du Mexique; elle croît en plein air et fructifie sur les bords de la Méditerranée, notamment à Nice et à Toulon.

— Le pin Téocoté (*P. Teocote*), appelé *ocote* dans son pays natal, est un arbre de 30 mètres, à rameaux grêles, étalés, violacés, portant des feuilles nombreuses, longues de 12 cent., minces, effilées, aiguës, comprimées, souvent contournées, d'un vert gai; ses cônes, longs de 7 cent., ovoïdes, coniques, verticillés, renferment des graines brunes ou noirâtres, longuement ailées.

Originaire des montagnes du Mexique, cette espèce ne supporte pas les hivers de Paris; mais elle figure très-bien dans les serres froides.

— Le pin de la Llave (*P. Llaveana*) est un arbre de 8 mètres au plus, souvent tortueux, à rameaux grêles, étalés, lisses, gris cendré, à feuilles quelquefois géminées, longues de 5 cent., comprimées, carénées, d'un vert glauque. Les cônes, longs de 4 cent., souvent déprimés, renferment des graines assez grosses, blanchâtres, dont l'amande est comestible.

Cette espèce, originaire du Mexique, peut, jusqu'à un certain point, croître en plein air à Paris; elle vient très-bien dans le midi.

C. Pins à feuilles quinées.

— Le pin Cembro (*P. Cembra*), vulgairement *alvier*, *cembrot*, *tinier*, est un arbre de 25 mètres, à rameaux généralement dressés, formant une cime pyramidale très-compacte; les feuilles, longues de 6 à 10 cent., sont glauques sur leurs deux faces, finement dentelées, souvent contournées. Les chatons mâles sont d'un rose violacé, à bractées brunes. Les cônes (fig. 9), longs de 8 cent., ovoïdes-oblongs, roussâtres, à écailles lâchement imbriquées, renferment des graines ovoïdes, un peu anguleuses, à test osseux, épais, et dépourvues d'aile.

On connaît des variétés naines, d'autres à feuilles vertes ou soudées, ou bien à cônes plus longs et à graines plus grosses.

Cette espèce croît dans les Alpes, les Carpathes, l'Oural, l'Altaï, la Sibérie, la Mandchourie, etc. On la cultive quelquefois pour ses graines, dont l'amande est comestible. Elle est en général rustique, mais reste plus petite dans nos cultures, et préfère l'exposition du nord.

Fig. 9. — Pin Cembro.

— Le pin à petites fleurs (*P. parviflora*) est un arbre de moyenne grandeur, à rameaux cendrés, velus dans leur jeune âge, portant des feuilles longues de 2 à 3 cent., roides, aiguës, trigones, dentelées. Les cônes, longs de 3 cent. à peine, sont ovoïdes, obtus, cendré brunâtre, à écailles peu nombreuses, larges, coriaces, presque ligneuses, renfermant des graines assez grosses, d'un brun jaunâtre.

On possède une variété naine, à feuilles plus courtes.

Cette espèce croît au Japon. Ses graines sont comestibles.

— Le pin de Corée (*P. Koraiensis*) atteint au plus 5 mètres de hauteur; ses rameaux cendré brunâtre, un peu pubescents dans leur jeunesse, portent des feuilles longues de 9 cent., filiformes, aiguës, trigones, dentelées, marquées de bandes glauques. Les cônes, de la grosseur du poing, sont ovoïdes-cylindriques, brun-jaunâtre, et renferment des graines grosses, d'un brun cendré.

Cette espèce, originaire de la Corée et des pays voisins,

est cultivée au Japon. Elle est rustique, et ses graines sont comestibles.

— Le pin de Macédoine (*P. Peuce*) est un arbre d'environ 15 mètres, à cime largement pyramidale. Ses feuilles, longues de 12 cent. en moyenne, sont trigones, dentelées, glauques sur deux de leurs faces, groupées surtout au sommet des jeunes rameaux. Les chatons femelles sont d'un rose violacé. Les cônes, longs de 10 à 15 cent., fusiformes, obtus au sommet, d'un vert violacé, à écailles lâchement imbriquées, renferment des graines ovoïdes, comprimées, longues de 1 centimètre.

Cette espèce croît dans les montagnes de la Macédoine.

— Le pin de lord Weymouth (*P. strobus*), plus simplement nommé *pin du Lord*, peut atteindre la hauteur de 40 mètres; son écorce est d'un vert grisâtre cendré. Ses rameaux verticillés portent des feuilles longues de 7 cent., trigones, très-fines, à peine glauques, réunies surtout au sommet des jeunes rameaux, où elles forment des sortes de houppes. Les cônes (fig. 10), longs de 12 à 15 cent., cylindriques, fusiformes, en général arqués et pendants, roux brunâtre, renferment des graines ovoïdes, un peu comprimées, à aile très-mince.

Il existe des variétés plus ou moins naines et buissonnantes, à feuilles plus courtes, ou entièrement vertes, ou très-glauques et comme farineuses, ou bien encore diversement panachées de jaune, ainsi que les rameaux.

Cet arbre croît aux États-Unis; il abonde surtout dans les sols humides. Son port très-élégant l'a fait rechercher en France, où il est assez répandu.

— Le pin élevé (*P. excelsa*), appelé aussi *pin pleureur*, et dans l'Inde *yari*, est un bel arbre, qui dépasse quelquefois 40 mètres. Son écorce est lisse et d'un gris cendré. Ses rameaux verticillés portent des feuilles longues de 10 à 15 cent., trigones, glauques et comme argentées sur deux de leurs faces, groupées au sommet des jeunes rameaux. Les chatons femelles sont d'un rose violacé. Les cônes, longs

Fig. 10. — Pin de lord Weimouth.

de 12 à 16 cent., fusiformes, pendants, d'un vert violacé, à écailles lâches, renferment des graines luisantes, ovoïdes, comprimées, longues de 1 centimètre.

Il existe une variété à feuilles accolées et comme soudées.

Cette espèce croît dans l'Himalaya et le Népaul.

— Le pin de montagne (*P. monticola*) est un arbre de 30 mètres, à écorce gris cendré ou brunâtre. Ses feuilles, longues d'environ 6 cent., sont carénées, trigones, assez fines, très-glauques, dressées le long des rameaux. Les cônes, longs de 15 cent., souvent agrégés, sont fusiformes, parfois un peu arqués, atténués aux deux bouts, surtout au sommet, qui est presque pointu.

Cette espèce croît dans les montagnes de la Californie. Quoique rustique, elle ne vient pas bien sous le climat de Paris.

— Le pin Ayacahuité (*P. Ayacahuite*), appelé aussi *tablas* dans son pays natal, est un arbre de 30 mètres, à écorce lisse, vert pâle ou gris cendré; ses jeunes bourgeons sont couverts de poils roux. Ses feuilles, longues d'environ 12 cent., sont fines, dentelées, glauques, flasques, tombantes. Ses cônes, longs de 18 à 20 cent., arqués, pendants, à écailles larges et comme spongieuses, renferment des graines ovoïdes, brunes, longuement ailées.

Cet arbre croît dans les montagnes du Mexique.

— Le pin de Lambert (*P. Lambertiana*) dépasse quelquefois la hauteur de 60 mètres; son tronc droit, souvent nu jusqu'aux deux tiers de sa hauteur, est couvert d'une écorce lisse brun pâle ou gris cendré. Ses rameaux, nombreux, portent des feuilles longues de 8 à 10 cent., roides, dentelées, d'un vert gai ou un peu glauques, dressées et groupées vers le sommet des rameaux. Les cônes, longs de 25 cent. et plus, cylindriques, atténués au sommet, solitaires et pendants à l'extrémité des rameaux, renferment des graines assez grosses, anguleuses, lisses, brun rougeâtre, longuement ailées.

Il y a une variété plus petite et à feuilles plus courtes.

Cette belle espèce habite le nord-ouest de l'Amérique; ses graines sont comestibles. Elle est assez délicate dans nos cultures, et y vient mal de semis; il vaut mieux la greffer sur le pin élevé.

— Le pin aristé (*P. aristata*) est un arbre d'environ 15 mètres, à rameaux étalés, contournés, couverts d'une écorce lisse et d'un gris cendré. Ses feuilles, longues de 5 à 6 cent., sont d'un vert clair. Les cônes, longs de 8 cent. environ, droits, atténués et arrondis aux deux bouts, à écailles très-minces, renferment des graines ovoïdes, rousses, à aile assez longue.

Cette espèce croît dans les Montagnes Rocheuses.

— Le pin de Montézuma (*P. Montezumæ*) atteint la hauteur de 20 mètres; ses rameaux, à écorce brun rougeâtre, portent des feuilles longues d'environ 25 cent., droites, dentelées, un peu glauques. Les cônes, longs de 12 à 20 cent., cylindriques, un peu courbés, renferment des graines très-petites.

Cette espèce croît dans les montagnes du Mexique; elle est peu rustique et supporte mal les hivers du climat de Paris.

— Le pin à feuille menue (*P. filifolia*) est un arbre de 20 mètres, remarquable surtout par son feuillage glauque, qui atteint la longueur de 30 cent. Originaire du Guatémala, il peut croître en plein air à Angers; mais il gèle souvent sous le climat de Paris.

Sapin (*Abies*).

Les Sapins sont généralement de grands arbres, à rameaux étalés, verticillés, portant des feuilles étroites, planes, presque sessiles, roides, solitaires, distiques ou d'apparence telle, plus rarement alternes ou éparses. Les fleurs sont en chatons monoïques : les mâles oblongs-cylindriques, solitaires, axillaires et terminaux; les femelles oblongs, latéraux, épars, solitaires sur de très-courtes ramilles, rarement terminaux. Le fruit est un cône oblong-cylindrique, dressé, à écailles ligneuses, larges, minces, obtuses et non épaissies au sommet, étroitement imbriquées, portant chacune à leur aisselle deux graines, et tombant avec celles-ci à la maturité, de telle sorte que l'axe seul persiste. Les graines sont munies d'une aile persistante.

— Ce genre, qui appartient surtout aux régions tempérées de l'hémisphère nord, renferme une trentaine d'espèces, généralement très-belles, et dont la moitié au moins peut croître en plein air sur notre sol.

— Le sapin pectiné (*A. pectinata*), appelé aussi sapin des Vosges ou de Normandie, sapin argenté ou à feuilles d'if, et vulgairement *avet*, est un arbre de 30 mètres et plus, à tige dénudée dans sa partie inférieure et terminée par une cime pyramidale élancée. Ses rameaux, étalés, portent des feuilles distiques, longues de 3 cent., pointues, d'un beau vert et luisantes en dessus, glauques ou comme argen-

Fig. 11. — Sapin pectiné.

tées en dessous. Les cônes (fig. 11), longs d'environ 8 cent., solitaires, cylindriques, renferment des graines trigones.

Cet arbre présente de nombreuses variétés, à rameaux fastigiés ou très-courts, tortueux ou pendants; à feuilles de longueur et de largeur variables, parfois striées de blanc jaunâtre, ou entièrement d'un beau jaune; il y a aussi des variétés naines et buissonnantes.

Cette espèce est abondamment répandue dans les montagnes de l'Europe centrale, et on la cultive souvent dans les jardins. Elle est rustique et peu difficile sur la nature du sol.

— Le sapin de Nordmann (*A. Nordmanniana*) est un arbre de 30 mètres, à tige droite, à branches étalées, à rameaux distiques, portant des feuilles nombreuses, longues de 3 cent., linéaires, planes, obtusés, un peu tordues à la base, luisantes et d'un vert foncé en dessus, marquées de deux lignes glauques en dessous. Les cônes, longs de 12 à 15 cent., coniques, à écailles étroitement imbriquées, renferment des graines lisses, presque trigones.

Il existe des variétés à feuilles plus courtes, ou glauques, ou retournées et montrant leur face inférieure, qui est farineuse et luisante.

Cette espèce croît en Crimée, en Géorgie, etc.

— Le sapin à bractées (*A. bracteata*) atteint 40 mètres; son écorce est lisse et brunâtre. Ses feuilles, longues de 5 cent., sont coriaces, roides, linéaires, très-aiguës, d'un vert gai en dessus, très-glauques et comme farineuses en dessous. Ses cônes, longs de 9 cent., ovoïdes, renferment des graines anguleuses, oblongues, d'un gris cendré fauve, courtement ailées.

Cette espèce croît dans les montagnes de la Californie. Bien que rustique, elle souffre souvent chez nous des gelées printanières.

— Le sapin noble (*A. nobilis*) dépasse parfois 60 mètres. Sa tige, droite, est couverte d'une écorce lisse, d'un gris cendré. Ses feuilles nombreuses, longues de 2 à 3 cent., sont très-épaisses, planes, linéaires, obtuses au sommet, un peu contournées, marquées de deux lignes glauques en dessous. Les cônes, longs de 10 cent., cylindriques, arrondis et très-obtus au sommet, renferment des graines comprimées, pointues à la base; largement ailées.

Il existe une variété à feuilles très-glauques et presque bleues.

Cette espèce croît dans les montagnes du nord-ouest de l'Amérique, notamment de la Californie. Chez nous, elle vient mal de semis, et réussit mieux par les procédés de la greffe ou du marcottage.

— Le sapin de Fraser (*A. Fraseri*) est un arbre de 12 mètres, à feuilles nombreuses, longues de 1 à 2 cent., ert foncé, rayées de glauque en dessous. Les cônes, groupés en petit nombre, longs de 6 cent., presque sessiles, renferment des graines petites, brun pâle, à aile étroite et striée de noir.

Il existe des variétés naines, buissonnantes, à feuilles glauques.

Cette espèce habite la Caroline et la Pensylvanie.

— Le sapin religieux (*A. religiosa*), appelé *ox yamel* dans son pays natal, est un arbre de 40 mètres, à rameaux d'un brun roux, portant des feuilles longues de 3 cent., linéaires, planes, aiguës, étalées, d'un vert foncé en dessus glauques en dessous. Les cônes, longs de 12 cent., ovoïdes-oblongs, arrondis au sommet, presque sessiles, d'un violet brunâtre, renferment des graines anguleuses, à aile décurrente d'un côté.

Il existe des variétés à feuilles très-glauques, bleuâtres ou farineuses.

Cette espèce est originaire des hautes montagnes du Mexique. Elle est peu rustique et résiste mal aux hivers du climat de Paris; mais elle végète très-bien à Cherbourg, à Bourg-Argental, etc.

— Le sapin de Céphalonie (*A. Cephalonica*) est un arbre de 15 à 20 mètres, à rameaux nombreux, portant des feuilles longues de 2 cent., très-rapprochées, éparses ou presques distiques, très-aiguës, coriaces, d'un vert foncé et luisant en dessus, marquées de deux lignes très-glauques en dessous. Les cônes, longs de 16 cent., sont effilés, fusiformes, obtus, d'un rouge violacé.

On possède des variétés à feuilles larges, rapprochées ou très-écartées, à jeunes pousses d'un jaune d'or ou d'un roux ferrugineux.

Cet arbre croît en Grèce et dans les îles voisines.

— Le sapin baumier (*A. balsamea*), vulgairement *baumier de Giléad*, est un arbre de 15 mètres au plus, à feuilles nombreuses, longues de 2 cent., de forme variable, d'un vert intense en dessus, glauques en dessous. Les cônes (fig. 12), longs de 6 cent. sont cylindriques et d'un pourpre violacé.

Fig. 12. — Sapin baumier.

Il existe des variétés à tige nue et peu ou point rameuse, à feuilles plus ou moins longues et larges ; à feuilles bleuâtres et argentées en dessous, ou bien panachées de jaune ; il y a aussi des variétés naines et buissonnantes.

Cette espèce croît dans les possessions anglaises du nord de l'Amérique.

— Le sapin robuste (*A. firma*) est un grand arbre, dont le port rappelle celui du sapin pectiné. Ses feuilles, longues de 3 cent., sont rapprochées, presque distiques, linéaires, glabres, coriaces, vert foncé en dessus, rayées de blanc en dessous. Les cônes, longs de 7 cent., cylindriques, obtus, droits ou un peu courbés, renferment des graines anguleuses, à test membraneux.

Cette espèce croît en Chine et au Japon.

— Le sapin aimable (*A. amabilis*) est un arbre de 50 mètres et plus (fig. 13) à feuilles nombreuses, longues de 2 à 3 cent., rapprochées, assez roides, planes, épaisses, obtuses, entières, d'un vert foncé en dessus, rayées de glauque ou farinacées en dessous. Les cônes, longs de 16 cent., sont cylindriques, un peu ventrus, obtus au sommet, à écailles minces.

Cette espèce habite le nord-ouest de l'Amérique.

— Le sapin géant (*A. grandis*) est un arbre de 60 mètres et plus, à tronc droit, couvert d'une écorce lisse et d'un gris cendré, à rameaux jaunâtres, portant des feuilles longues de 4 à 7 cent., inégales, étroites, courbées, à sommet obtus, vert clair ou gris cendré. Les cônes, longs de 10 cent., d'un brun pâle, à écailles larges, renferment des graines anguleuses.

Cet arbre habite la Californie et la Colombie anglaise; il croît dans les lieux bas et humides, et jamais sur les montagnes.

— Le sapin de Gordon (*A. Gordoniana*) atteint, dit-on, jusqu'à 70 mètres de hauteur (fig. 14); sa tige effilée est couverte d'une écorce brun cendré. Ses feuilles, dont la longueur varie de 1 à 4 cent., sont linéaires, obtuses, vertes et luisantes en dessus, argentées en dessous. Les cônes, longs de 10 cent. environ, cylindriques, obtus et comme tronqués, un peu ventrus, renferment des graines oblongues, à test coriace, largement ailées.

Fig. 13. — Sapin aimable.

Cet arbre croît dans les vallées humides du nord de la Californie.

— Le sapin de Sibérie (*A. Sibirica*) est un arbre de 20 mètres à branches éparses ou verticillées, étalées, à feuilles longues de 1 à 3 cent., épaisses, étroites, très-rapprochées,

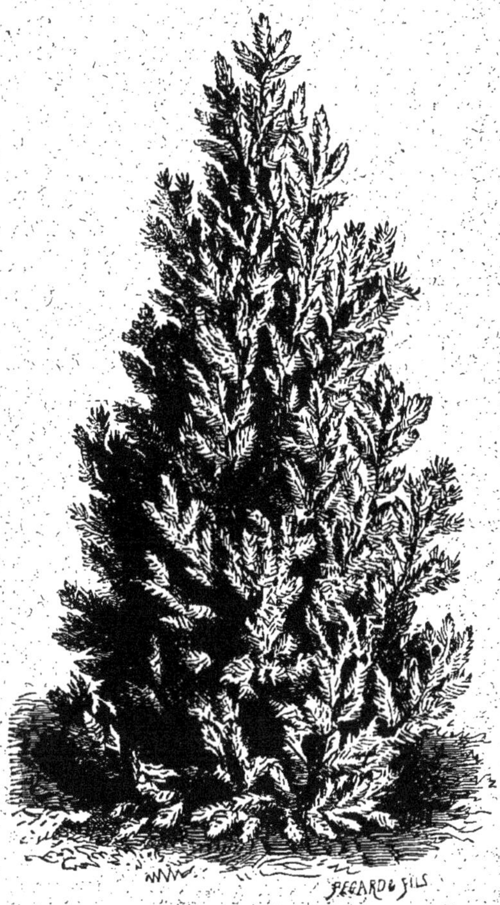

Fig. 14. — Sapin de Gordon.

rayées de glauque en dessous. Les cônes, longs de 6 cent., cylindriques, ont les écailles dentelées sur les bords.

Il existe une variété à feuilles d'un vert très-pâle.

Cette espèce habite les montagnes de la Sibérie et de l'Altaï; elle est rustique, mais croît très-lentement dans nos cultures.

— Le sapin Pinsapo (*A. Pinsapo*) est un arbre de 25 mètres, à rameaux très-nombreux, rapprochés, portant des feuilles alternes, longues d'un cent., coriaces, droites, roides, aiguës, d'un vert foncé en dessus, plus pâles et rayées de glauque en dessous. Les chatons mâles sont rouges, très-nombreux. Les cônes, longs de 12 cent., ovoïdes-cylindriques, obtus, souvent un peu bombés, ordinairement groupés, renferment des graines brunâtres, luisantes, accompagnées d'une aile presque transparente.

On possède des variétés naines, à rameaux fastigiés, à feuilles d'un vert glauque, ou farinacées, ou panachées de blanc jaunâtre.

Cette espèce croît dans les montagnes de l'Espagne et de l'Algérie; elle commence à se naturaliser en France.

— Le sapin de Webb (*A. Webbiana*) est un arbre de 25 à 30 mètres, à tige très-droite. Les feuilles, longues de 4 cent., sont linéaires, planes, épaisses, coriaces, en général bifides au sommet, luisantes et d'un vert gai en dessus, rayées de glauque ou farinacées en dessous. Les chatons femelles sont d'un pourpre foncé. Les cônes, longs de 10 à 15 cent., obtus, un peu renflés vers le milieu, d'un pourpre violacé, renferment des graines ovoïdes, oblongues, anguleuses, largement ailées.

Il y a une variété à feuilles à peine glauques et non farinacées.

Cette espèce croît dans l'Himalaya et les régions voisines; elle végète très-bien à Cherbourg et dans d'autres localités, mais non à Paris.

— Le sapin Pindrow (*A. Pindrow*) est un arbre de 25 mètres, à tige droite, couverte d'un écorce lisse et d'un gris cendré. Ses feuilles, dont la longueur varie, sur le même rameau, de 2 à 5 cent., sont rapprochées, presque distiques, souvent bifides au sommet; leur face inférieure offre deux bandes glauques plus ou moins prononcées. Les cônes, longs de 12 à 15 cent., ovoïdes, obtus, d'un gris brunâtre ou violacé, renferment des graines petites, brunes et luisantes.

On connaît une variété à feuilles panachées de jaune.

Cette espèce, qui croît dans l'Himalaya, est assez rustique; mais elle craint les gelées tardives sous le climat de Paris.

— Le sapin de Numidie (*A. Numidica*) est un arbre de 20 mètres, à tige droite, à écorce gris cendré. Les feuilles, longues de 2 cent., sont planes, très-nombreuses. Les cônes, longs de 16 cent., d'un gris cendré, le plus souvent groupés, renferment des graines trigones, à aile mince et gris-roussâtre.

Cet arbre croît dans les montagnes de la Kabylie.

— Le sapin de Cilicie (*A. Cilicica*) est un arbre de 15 mètres, à écorce épaisse et d'un gris cendré. Ses feuilles, longues de 3 à 4 cent., sont luisantes et d'un vert foncé en dessus, un peu glauques en dessous. Ses cônes, longs de 20 cent., obtus au sommet, renferment des graines trigones, longuement ailées.

Cette belle espèce croît dans les montagnes de l'Asie Mineure. Les gelées tardives lui nuisent souvent sous le climat de Paris.

— Le sapin de Fortune (*A. Fortunei*), dont M. Carrière a fait le genre *Keteleeria*, est un grand et bel arbre, dont le port rappelle celui du cèdre du Liban. Ses feuilles, longues de 3 à 5 cent., sont d'un vert brillant sur leurs deux faces, mais plus pâles en dessous. Ses cônes, longs de 16 à 20 cent., à écailles persistantes (ce qui distingue nettement cette espèce de ses congénères), brunâtres, parfois un peu glauques, renferment des graines longues, étroites, anguleuses, munies d'une aile longue et large.

Cette espèce habite la Chine et le Japon. Elle vient bien à Angers et à Bourg-Argental, mais redoute les gelées du climat de Paris.

Épicéa (*Picea*).

Les Épicéas sont généralement de grands arbres, à branches étalées et verticillées, à rameaux opposés, portant des feuilles solitaires, sessiles ou courtement pétiolées, aciculaires, linéaires, piquantes, alternes ou éparses, plus rarement planes et distiques ou d'apparence telle. Les fleurs sont disposées en chatons monoïques, axillaires ou terminaux. Les cônes, dont la maturation est annuelle, sont pendants, le plus souvent cylindriques, à écailles très-minces, surtout au sommet, coriaces, étroitement imbriquées, persistant après la chute des graines, qui sont arrondies, comprimées et munies d'une aile.

Ce genre, dont les espèces sont fréquemment confondues dans le langage usuel sous le nom de *sapin*, présente la même distribution géographique que celui dont nous venons de parler. Il se divise, d'après les caractères des feuilles, en deux groupes très-naturels, souvent regardés comme deux genres distincts, les *Tsuga* et les *Picea* proprement dits.

A. Feuilles planes et distiques (*Tsuga*).

Les Tsugas forment le passage des sapins aux épicéas; ils tiennent des premiers par leurs feuilles planes, molles et distiques, et des seconds par leurs cônes pendants et à écailles persistantes.

— L'épicéa de Sieboldt (*P. Sieboldtii*), appelé *araraji* ou *tsuga* dans son pays natal, est un arbre d'environ 10 mètres, à branches éparses, étalées, à feuilles longues de rapcent., la plupart obtuses, alternes et comme distiques, 2 prochées, luisantes et d'un vert foncé en dessus, rayées

de glauque ou farinacées en dessous. Les cônes, longs de
3 cent., brunâtres, à écailles fermes, coriaces, brillantes, renferment des graines petites, ovoïdes, d'un gris rougeâtre.

Il y a une variété naine et buissonnante, à feuilles courtes.

Cette espèce croît dans les montagnes du nord du Japon.
Bien que rustique, elle végète mal sous le climat de Paris;
elle vient beaucoup mieux à Bourg-Argental et dans les localités où l'air est vif.

— L'épicéa du Canada (*P. Canadensis*), vulgairement
nommé *hemlock spruce*, est un arbre de 30 mètres, à tige
élancée, à rameaux très-nombreux, portant des feuilles longues de 2 cent. obtuses, d'un vert gai en dessus, marquées
de deux lignes glauques en dessous. Les cônes, longs d'environ 3 cent., sessiles, ovoïdes-oblongs, obtus, d'un gris
brunâtre, à écailles coriaces, renferment des graines à aile
membraneuse, oblongue et obtuse.

Il existe des variétés naines et buissonnantes, à feuilles
plus courtes.

Cet arbre croît dans les parties froides de l'Amérique
du Nord.

— L'épicéa de Roezl (*P. Roezlii* est un arbre de 20 mètres, à rameaux pendants, couverts de feuilles éparses, longues de 1 à 2 cent., épaisses, planes en dessus, arrondies
en dessous, un peu contournées et très-rapprochées. Les
cônes (fig. 15), longs de 5 cent., ovoïdes-cylindriques, d'un
gris noirâtre, renferment des graines très-petites, d'un rouge
foncé, longuement ailées.

Il croît dans les forêts du nord de la Californie.

— L'épicéa de Hooker (*P. Hookeriana*) est un arbre
de 40 mètres, à tige nue dans sa partie inférieure et penchée au sommet. Ses rameaux étalés portent des feuilles
longues de 2 cent., planes, obtuses. Les cônes, cylindriques,
obtus, lisses, d'un brun clair, à écailles arrondies, renferment des graines très-petites, à aile courte, mais assez large.

Cette espèce croît dans les montagnes du nord de la Californie. Elle est très-rustique ; mais dans nos cultures elle reste souvent petite, ou même naine et buissonnante.

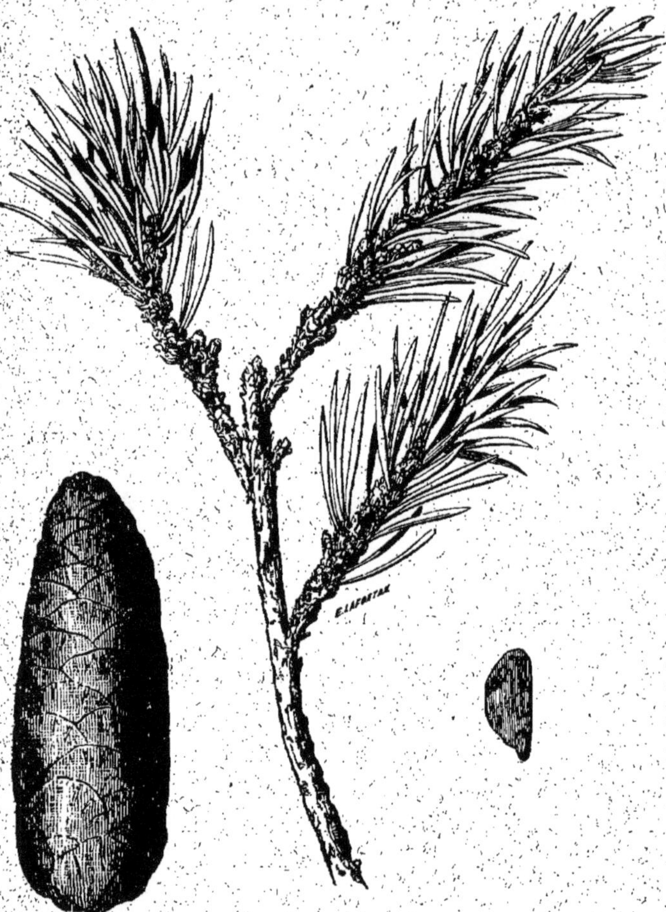

Fig. 15. — Épicéa de Roezl.

— L'épicéa de Mertens (*P. Mertensiana*) peut atteindre la hauteur de 50 mètres. Sa tige est droite, régulière, à écorce fine et de couleur foncée. Ses feuilles, longues de 1 cent., sont étroites, obtuses, luisantes et d'un vert clair en dessus, marquées de deux lignes glauques en dessous. Ses cônes, longs de 3 à 4 cent., sont ovoïdes, flexibles, situés à l'extrémité des rameaux.

Cette espèce habite le nord de la Californie, l'Orégon, la Colombie anglaise, l'île Vancouver, etc. Assez voisine de l'épicéa du Canada, elle est très-rustique, mais ne vient bien que là où l'air est très-vif. Elle est, au contraire, assez délicate pour le climat de Paris.

— L'épicéa de Brunon (*P. Brunoniana*) est un arbre de 20 à 25 mètres, à branches dressées, à rameaux grêles et verruqueux, velus dans leur jeune âge. Ses feuilles, longues de 3 cent., droites, planes, éparses, rarement distiques, d'un vert gris en dessus, glauques ou farinacées en dessous, tombent en grande partie tous les ans au printemps, et peuvent presque être regardées comme caduques. Les cônes, longs de 3 cent., sessiles, ovoïdes-obtus, à écailles lâchement im briquées, renferment des graines petites, aplaties, anguleuses, d'un gris brunâtre, à aile oblongue et obtuse.

Cette espèce croît dans le Bootan et le Népaul. Elle végète mal sous la latitude de Paris, et reste d'ailleurs le plus souvent, dans nos cultures, à l'état d'arbuste diffus et buissonnant.

B. Feuilles aciculées et éparses (*Picca*).

— L'épicéa commun (*P. excelsa, P. vulgaris*), nommé aussi *sapin du Nord, pesse, sérente,* etc., est un arbre de 40 mètres, à tige droite, divisée en rameaux étalés, qui forment une cime pyramidale très-régulière. Les feuilles, longues de 2 cent. en moyenne, sont roides, luisantes, aiguës, souvent courbées. Les chatons femelles sont pourpres d'abord, puis d'un brun verdâtre. Les cônes (fig. 16), longs de 10 à 15 cent., cylindriques, un peu fusiformes, à écailles min-

Fig. 16. — Épicéa commun.

ces et luisantes, renferment des graines brunes, à aile roide et roussâtre.

Cette espèce présente de nombreuses variétés, à dimensions plus ou moins grandes, à rameaux dressés ou pendants, à feuilles plus longues ou plus courtes, glauques ou diversement panachées de jaune, à bourgeons dorés, à cônes rouges, etc. ; il y a aussi des variétés naines, buissonnantes. Nous citerons encore l'épicéa dénudé, dont la tige est dépourvue de rameaux ou n'en a que de très-courts sur une plus ou moins grande partie de sa longueur.

On rencontre l'épicéa dans les montagnes de l'Europe centrale et dans les plaines du Nord, où il forme de vastes forêts. Il est fréquemment cultivé dans les plantations d'utilité ou d'agrément.

— L'épicéa de Sibérie (*P. obovata*) est un grand arbre, dont le port rappelle celui du précédent. Ses feuilles, longues de 2 cent., sont aiguës et un peu courbées. Ses cônes, longs de 6 cent., sont cylindriques, arrondis à la base, obtus au sommet, à écailles lisses et d'un roux foncé.

Il existe une variété à feuilles et à cônes plus longs.

Cette espèce croît dans la Sibérie et l'Altaï. Elle végète mal et souffre des gelées printanières sous le climat de Paris.

— L'épicéa à petites graines (*P. microsperma*) est un arbre de 15 mètres, à rameaux grêles, portant des feuilles aiguës et très-rapprochées ; les cônes, longs de 5 cent., cylindriques, d'un roux brunâtre, renferment des graines très-petites. Il croît au Japon, et ne supporte pas bien nos hivers.

— L'épicéa de Menzies (*P. Menziesii*) est de la taille du précédent. Ses rameaux étalés portent des feuilles lisses, très-rapprochées. Les cônes, longs de 6 cent., à écailles très-minces, membraneuses et ondulées sur les bords, renferment des graines très-petites, presque ovoïdes, longuement ailées.

Il existe une variété remarquable par les écailles de ses cônes, qui sont crispées sur les bords et plus lâchement imbriquées.

Cette espèce croît dans le nord de la Californie. Dans nos cultures, elle est rarement belle, et reste le plus souvent à l'état d'arbrisseau.

— L'épicéa blanc (*P. alba*), vulgairement nommé *sapinette blanche*, atteint la hauteur de 25 mètres. Ses rameaux, nombreux, sont presque entièrement cachés par les feuilles, dont chaque face est marquée d'une ligne glauque. Les cônes (fig. 17), longs de 3 à 5 cent., sont souvent réunis en une

Fig. 17. — Épicéa blanc.

sorte de grappe; leurs écailles, d'un roux pâle, recouvrent des graines très-petites, d'un jaune roussâtre, longuement ailées.

Cette espèce présente d'assez nombreuses variétés, à rameaux dressés ou pendants, à écorce blanchâtre, orangée ou rougeâtre, à feuilles plus longues ou plus courtes, ou panachées de blanc jaunâtre, etc. On possède aussi des formes naines et buissonnantes.

La sapinette bleue est encore une variété, caractérisée par un feuillage glauque, ou d'un bleu violacé, ou comme pruineux.

La sapinette blanche croît au Canada, dans la Caroline et quelques régions limitrophes. Elle végète très-bien sous nos latitudes.

— L'épicéa rouge (*P. rubra*), vulgairement *sapinette rouge*, est plus petit que l'épicéa commun, qu'il rappelle assez par son port. Ses rameaux nombreux, à écorce rousse ou rougeâtre, portent des feuilles longues de 1 cent., comprimées, recourbées, à pétiole rouge. Les cônes, longs de 5 cent., obtus, atténués aux deux bouts, renferment des graines noires ou brun rougeâtre.

Il existe une variété plus petite, une autre à rameaux pendants.

Cette espèce habite la Nouvelle-Écosse et les régions voisines.

—L'épicéa noir (*P. nigra*), vulgairement *sapinette noire*, est un arbre de 25 mètres, à feuilles longues de 1 cent., minces, comprimées, aiguës, glauques, souvent courbées vers le rameau. Les cônes, longs de 2 à 3 cent., ovoïdes-obtus, atténuées aux deux bouts, ont des écailles minces, souvent colorées en brun.

Il existe des variétés à rameaux grêles, dressés ou fastigiés.

Cette espèce croît dans le nord de l'Amérique. Elle est très-délicate dans nos cultures, où elle reste le plus souvent à l'état d'arbrisseau.

— L'épicéa d'Orient (*P. orientalis*) est un arbre d'environ 15 mètres, à branches étalées et verticillées. Ses rameaux nombreux portent des feuilles longues de 1 cent. au plus, pointues, luisantes, d'un beau vert. Ses cônes, longs de

6 cent. environ, sont bruns, à écailles lâchement imbriquées.

Il y a une variété naine, à feuilles blanchâtres ou pana-chées.

Cette espèce croît en Orient, dans la région du Cau-case, etc. Elle reste, dans nos cultures, à l'état d'arbrisseau très-compacte.

— L'épicéa Morinda (*P. Morinda*), appelé aussi *khutrow*, dépasse parfois la hauteur de 35 mètres, et forme une pyra-mide compacte, garnie de branches dès la base. Ses rameaux nombreux, à écorce gris cendré, sont couverts de feuilles roides, aiguës, très-rapprochées. Les chatons femelles sont violacés. Les cônes, longs de 10 cent., cylindriques, arron-dis au sommet, d'un roux foncé ou brunâtre, à écailles lar-ges, lisses et luisantes, renferment des graines ovoïdes ou anguleuses, munies d'une aile fauve roussâtre.

Cette espèce croît dans les parties élevées de l'Himalaya; bien que rustique, elle gèle parfois sous le climat de Paris.

— L'épicéa luisant (*P. polita*) ressemble à l'épicéa com-mun. Ses rameaux, à écorce d'un roux foncé ou ferrugineux, portent des feuilles longues de 2 cent. droites, aiguës, roides, glabres, d'un vert pâle. Les cônes, longs de 10 à 12 cent., sont ovoïdes, arrondis aux deux extrémités.

Cette espèce croît dans les montagnes du Japon et dans la Corée.

— L'épicéa d'Alcock (*P. Alcockiana*) est un arbre de 30 mètres, à rameaux grêles, réfléchis ou pendants, portant des feuilles longues de 2 cent., nombreuses, rapprochées, un peu aplaties, obtuses au sommet. Les cônes, longs de 7 cent., d'un roux fauve, renferment des graines à aile roux foncé.

Cette espèce croît dans les montagnes du Japon.

— L'épicéa de Jezo (*P. Jezoensis*) est un grand arbre, à rameaux divergents, portant des feuilles longues de 2 cent., aiguës, d'un vert gai. Les cônes sont cylindriques, oblongs, un peu recourbés, à écailles nombreuses.

Cette espèce, peu connue, croît au Japon, où elle est cultivée.

— L'épicéa de Californie (*P. Californica*) est un grand arbre, à feuilles longues d'un cent., étalées, d'un vert gai, un peu glauques et blanchâtres en dessous. Les cônes, longs de 6 cent., ovoïdes, atténués aux deux bouts, renferment des graines jaunâtres, assez longuement ailées.

Cette espèce, peu connue, habite la Californie.

Mélèze (*Larix*).

Les Mélèzes sont généralement de grands arbres, à feuilles caduques, sessiles, linéaires, minces, molles, d'un vert gai ou glauques, éparses et souvent plus longues sur les rameaux de l'année, fasciculées sur le vieux bois. Les fleurs sont en chatons monoïques : les mâles sessiles, petits, ovoïdes, d'un jaune verdâtre ; les femelles dressés, ovoïdes, plus gros, d'un rose violacé. Les cônes, ovoïdes-obtus ou cylindriques, à écailles coriaces et persistantes, mûrissent dans l'année, et renferment des graines petites, coriaces, munies d'une aile membraneuse.

Les espèces peu nombreuses de ce genre habitent les régions tempérées et froides de l'hémisphère nord, où elles forment souvent de grandes forêts. Toutes peuvent être cultivées au moins dans quelques-unes de nos provinces. Peu difficiles sur la nature du sol, elles réclament une exposition éclairée et bien aérée. Quelques-unes sont recherchées dans les plantations d'agrément, à cause de leur port élégant et de leur feuillage gracieux et léger.

— Le mélèze d'Europe (*L. Europæa*) est un arbre de 30 mètres et plus, à rameaux nombreux, effilés, grêles, souvent pendants, couverts d'une écorce d'un gris blanchâtre, cendré ou roussâtre, et formant une cime pyramidale élancée. Les feuilles sont longues de 3 cent. environ, molles et d'un vert clair. Les cônes (fig. 18), longs de 4 cent. en moyenne,

Fig. 18. — Mélèze d'Europe.

dressés, d'abord violets, puis jaune brunâtre, renferment des graines petites, jaune brunâtre, à aile obtuse.

Cet arbre présente d'assez nombreuses variétés, à rameaux dressés, étalés ou pleureurs, à feuilles glauques, à cônes blanchâtres ou pourpres plus ou moins gros. Il y a aussi des variétés naines et buissonnantes.

L'espèce habite les régions tempérées et froides de l'Europe et de l'Asie, où elle croît surtout dans les montagnes. Elle est très-rustique et ne craint pas les hivers; mais elle demande une situation bien aérée, et végète mal dans les plaines basses, là surtout où le sol renferme une humidité permanente.

— Le mélèze d'Amérique (*L. Americana*) ressemble beaucoup à celui d'Europe. Il s'en distingue surtout par sa

Fig. 19. — Mélèze d'Amérique.

taille un peu moins élevée, ses rameaux à écorce rougeâtre, ses feuilles plus courtes, et ses cônes plus petits, sessiles, à écailles luisantes, d'abord vert violacé, puis jaune roussâtre (fig. 19).

Il présente des variétés à rameaux pleureurs et à cônes prolifères.

4

Cette espèce croît en Amérique, depuis le Canada jusqu'à la Virginie; dans nos cultures, elle est moins vigoureuse que l'espèce indigène.

— Le mélèze de Sibérie (*L. Sibirica*) ressemble aussi beaucoup à notre mélèze, dont il constitue peut-être une simple variété. Le plus souvent il forme un arbrisseau rabougri, à tige tortueuse, à rameaux courts, portant des feuilles longues de 2 cent., presque tétragones, très-fines et d'un vert clair. Les cônes, longs de 2 cent., ovoïdes, renferment des graines longuement ailées.

Cette espèce habite la Sibérie, la Daourie et le Kamtschatka; elle vient mal dans les pays chauds ou même seulement tempérés.

— Le mélèze du Japon (*L. Japonica*) est encore très-voisin du nôtre, dont il se distingue surtout par ses feuilles glauques en dessous, ses cônes plus arrondis, à écailles plus nombreuses, plus minces, repliées sur les bords, et ses graines plus longuement ailées. Il croît dans le nord du Japon.

— Le mélèze de Griffith (*L. Griffithiana*) est un arbre de 15 mètres, à cime arrondie, à feuilles très-étroites, aiguës, glauques. Ses cônes, longs de 7 cent., sont d'un vert herbacé ou grisâtre.

Cette espèce, originaire de l'Himalaya, supporte bien les hivers de l'Anjou, mais non ceux de Paris.

— Le mélèze de Kaempfer (*L. Kœmpferi*) est un arbre de moyenne grandeur, à rameaux vigoureux, d'un rouge orangé ou ferrugineux, portant des feuilles longues de 5 à 9 cent., d'un vert gai en dessus, glauques en dessous (fig. 20). Les cônes, longs de 7 cent., très-larges à la base, sont formés d'écailles brillantes, fragiles, lâchement imbriquées et se brisant au moindre choc (fig. 21).

Cette espèce croît dans le nord-est de la Chine.

Cèdre (*Cedrus*).

Les Cèdres sont de grands arbres, à branches étalées, à
feuilles aciculaires, coriaces, roides, éparses sur les rameaux

Fig. 20. — Mélèze de Kaempfer (chatons mâles).

de l'année, fasciculées sur le vieux bois. Les cônes, qui ne
mûrissent qu'au bout de deux ou trois ans, sont dressés,
ovoïdes-obtus ou arrondis, assez gros, à écailles coriaces,
ligneuses ou membraneuses, larges, épaissies à la base,
amincies au pourtour, comme tronquées au sommet, et

très-étroitement imbriquées. Les graines sont munies d'une aile membraneuse persistante.

Fig. 21. — Mélèze de Kaempfer (cône).

Ce genre, très-voisin des mélèzes, dont il diffère surtout

par ses feuilles persistantes, ne renferme jusqu'à ce jour que trois espèces, qui croissent dans la zone tempérée du nord; elles appartiennent toutes à l'ancien continent, et peuvent être cultivées en plein air sous nos climats.

— Le cèdre du Liban (*C. Libani*) est un très-grand arbre, dont la flèche ou extrémité supérieure est ordinairement inclinée. Ses branches éparses, très-fortes, longuement étalées, se divisent en rameaux nombreux et assez courts. Les feuilles, longues de 2 cent. environ, sont roides, aiguës, d'un vert sombre. Les cônes (fig. 22), dont la longueur va-

Fig. 22. — Cèdre du Liban.

rie de 6 à 10 cent., sont dressés, ovoïdes ou arrondis, obtus et déprimés au sommet, d'un brun fauve, à écailles très-serrées, et renferment des graines assez grosses, munies d'une aile large et membraneuse.

Cet arbre présente de nombreuses variétés, à rameaux dressés ou pendants; à feuilles d'un vert gai, grisâtres, glauques ou argentées; à cônes effilés ou très-petits; il existe aussi des variétés naines et buissonnantes.

L'espèce habite les montagnes de l'Asie Mineure et de la

Syrie, notamment le Liban et le Taurus; on la trouve aussi en Algérie.

— Le cèdre de l'Atlas (*C. Atlantica*) est un arbre de 40 mètres, à tige et à flèche droites et élancées. Les feuilles sont cylindriques, aiguës, d'un vert glauque. Les cônes, longs de 5 à 6 cent., ovoïdes, très-obtus et comme tronqués aux deux bouts, à pédoncule assez long et grêle, renferment des graines assez petites, munies d'un aile blanchâtre, très-mince et presque transparente.

Il existe des variétés à feuilles luisantes, très-glauques, grisâtres ou argentées, ou bien encore panachées de blanc jaunâtre.

Cette espèce croît dans les montagnes de l'Algérie.

— Le cèdre Déodar (*C. Deodara*), dont le nom sanscrit est *kèlon*, est un arbre de 50 mètres, à tige droite, inclinée au sommet. Ses branches, étalées ou inclinées, se divisent en rameaux grêles et très-nombreux, couverts de feuilles longues de 3 à 5 cent., aiguës, piquantes, d'un vert glauque. Les cônes, longs de 10 cent., dressés, ovoïdes, très-obtus ou déprimés au sommet, d'un brun violacé ou ferrugineux, renferment des graines anguleuses.

Cet arbre présente d'assez nombreuses variétés, à rameaux dressés ou pendants; à feuilles très-vertes, ou très-glauques, blanchâtres, argentées, jaunes ou panachées, parfois très-longues; on possède aussi une variété naine.

Cette espèce, qui croît dans l'Himalaya, les Alpes du Tibet, etc., végète bien en France, et surtout dans l'Anjou, la Provence, etc.

Araucaria (*Araucaria*).

Les Araucarias sont de grands arbres, à rameaux verticillés, étalés, formant une cime pyramidale, et portant des feuilles sessiles, lancéolées ou linéaires-subulées, roides, imbriquées, serrées ou distantes. Les fleurs sont en chatons dioïques, terminaux, ovoïdes ou cylindriques. Les cônes sont arrondis ou ovoïdes, à écailles épaisses, coriaces ou ligneuses, étroitement imbriquées, recouvrant chacune une graine solitaire, non ailée, soudée avec l'écaille et tombant avec elle à la maturité, qui n'a lieu que la seconde année.

Les espèces assez nombreuses de ce genre habitent les régions tempérées ou chaudes de l'Amérique du sud, de l'Australie et les îles intermédiaires. Presque toutes peuvent croître en plein air dans le midi de la France.

— L'araucaria imbriqué (*A. imbricata*) est un arbre de 50 mètres, à rameaux en général étalés, régulièrement verticillés, et formant une cime touffue et pyramidale. Les feuilles, longues de 3 cent., ovales ou presque oyales, lancéolées, atténuées à la base, aiguës au sommet, sont épaisses, roides, piquantes, d'un vert foncé. Les cônes, longs de 16 cent., presque globuleux, un peu aplatis, dressés, d'un brun foncé, à écailles très-nombreuses et terminées par une longue pointe, renferment des graines longues de 5 cent., comprimées, anguleuses, lisses, luisantes, d'un roux brunâtre, à amande comestible.

Il existe des variétés à rameaux très-espacés, ou très-courts et presque nuls; à feuilles très-larges ou courtes, vert pâle ou panachées de jaune.

Cette espèce croît dans les montagnes méridionales du Chili, où elle forme de vastes forêts. C'est la plus rustique du genre, la seule qui puisse à la rigueur être cultivée en plein air sous le climat de Paris; toutefois elle y exige quelques soins, et souffre des hivers rigoureux.

— L'araucaria du Brésil (*A. Brasiliensis*) est un arbre de 50 mètres, à tige droite, nue dans sa partie inférieure, couverte d'une écorce gris brunâtre, terminée par une cime d'abord pyramidale et plus tard arrondie. Ses rameaux, étalés ou pendants, portent des feuilles longues de 5 cent., élargies à la base, pointues au sommet, souvent un peu tordues, glauques en dessous dans le jeune âge. Les cônes, très-gros, arrondis, parfois un peu aplatis au sommet, renferment des graines semblables à celles du précédent.

Il existe une variété à feuilles plus étroites et d'un vert glauque.

Cette espèce habite les forêts du Brésil; elle croît assez bien en plein air à Cherbourg et dans nos provinces méridionales.

— L'araucaria de Bidwill (*A. Bidwilli*) est un arbre de 45 mètres, à tige droite, à rameaux nombreux, étalés, portant des feuilles longues de 4 cent., ovales, élargies à la base, aiguës au sommet, coriaces, roides, épaisses, luisantes, d'un vert foncé. Les cônes, longs de 18 cent., globuleux ou ovoïdes, à écailles épaisses et rugueuses, renferment des graines longues de 5 cent.

Cette espèce habite les montagnes de l'Australie; elle a bien réussi à Cherbourg, à Hyères et dans quelques autres localités.

— L'araucaria de Rule (*A. Rulei*) est un arbre de 15 mètres ou plus, à rameaux étalés, formant une cime arrondie. Les feuilles, longues de 2 cent., sont ovales, atténuées au sommet, luisantes et comme vernies (fig. 23). Les cônes sont petits, sphériques, terminaux, à écailles largement ailées.

Il y a des variétés à rameaux compactes et à feuilles plus longues et plus larges. Ce végétal est d'ailleurs très-polymorphe.

Cette espèce habite la Nouvelle-Calédonie et les îles voisines.

— L'araucaria de Cunningham (*A. Cunninghami*) est un arbre de 40 mètres, à tige droite, couverte d'une écorce luisante, d'un gris brunâtre. Ses rameaux verticillés, étalés ou pendants, portent des feuilles roides, très-aiguës, courbées vers le rameau. Ses cônes, longs de 7 cent., sont ovoïdes-obtus, à écailles pointues.

Il existe des variétés à rameaux nombreux et compactes,
arqués ou pendants, à feuilles plus longues, glauques ou argentées.

Fig. 23. — Araucaria de Rule.
A et B. Rameaux de jeunes individus.
C et D. Rameaux d'individus adultes.

Cette espèce habite la côte orientale de l'Australie, où
elle forme de vastes forêts; elle vient très-bien en Provence.

— L'araucaria élevé (*A. excelsa*) est un arbre de 60 mètres, à cime pyramidale assez étroite. Ses rameaux étalés, régulièrement verticillés, portent des feuilles longues d'un cent., épaisses, linéaires, recourbées vers le rameau, d'un vert gai, marquées de deux lignes glauques. Les cônes, longs de 13 cent., globuleux ou à peu près, à écailles ligneuses, très-grandes, pointues, renferment des graines grosses et largement ailées.

Il existe des variétés à feuilles glauques, ou presque blanches, ou panachées de jaune blanchâtre.

Cette espèce, type du genre *Eutassa*, habite l'Australie, l'île Norfolk, etc. Elle croît aussi très-bien en Provence.

— L'araucaria de Cook (*A. Cookii*) est un arbre de 60 mètres, à rameaux étalés, espacés, portant des feuilles longues de 1 à 3 cent., recourbées vers le rameau, souvent à reflets cuivrés ou métalliques. Les cônes, longs de 12 cent., sont ovoïdes-obtus, à écailles larges et coriaces.

Cette espèce croît dans la Nouvelle-Calédonie.

Dammara (*Dammara*).

Les Dammaras sont de grands arbres, à feuilles larges, épaisses, coriaces. Les fleurs sont disposées en chatons dioïques; les mâles cylindriques, écailleux à la base, axillaires ou extra-axillaires; les femelles terminaux, solitaires ou géminés. Les cônes, ovoïdes ou arrondis, sont formés d'écailles coriaces, ligneuses, étroitement imbriquées, dont chacune recouvre une graine solitaire, ovoïde-allongée, comprimée. Ces cônes ne mûrissent que la seconde année.

Ce genre comprend une dixaine d'espèces, qui toutes habitent les îles de l'Océanie. Quelques-unes d'entre elles pourraient probablement vivre dans le midi de la France; mais sous le climat de Paris on ne peut les conserver que dans les serres. Nous indiquerons sommairement les principales.

— Le dammara austral (*D. australis*) est un arbre de 50 mètres, à tige droite, souvent dénudée dans sa partie inférieure, couverte d'une écorce d'un gris cendré ou brunâtre, et divisée en rameaux, nombreux étalés. Les feuilles, longues de 6 cent., sont ovales-lancéolées, épaisses, coriaces, d'un vert métallique ou brunâtre en dessus, d'un roux cuivré en dessous. Les cônes, longs de 6 cent., presque globuleux, dressés, à écailles lisses et coriaces, renferment des graines brunes, à aile fine et membraneuse.

Il existe une variété à feuilles et à bourgeons glauques.

Cette espèce habite la Nouvelle-Zélande; nous pensons, avec M. Carrière, qu'elle pourrait croître en plein air dans certaines parties de la France.

— Le dammara oriental (*D. orientalis*) est un arbre de 30 mètres, à tige gris cendré, à rameaux souvent rougeâtres, portant des feuilles longues de 10 cent., ovales-lancéolées, droites, épaisses, coriaces, lisses et d'un vert foncé sur les deux faces. Les cônes, longs de 9 cent., ovoïdes-cylindriques, à écailles épaisses, fortement appliquées, renferment des graines à aile obtuse.

Il existe une variété à feuilles et à rameaux blanchâtres.

Cette espèce habite Java, les Moluques, les îles de la Sonde, etc.

Sciadopitys (*Sciadopitys*).

Les Sciadopitys sont de grands arbres, à rameaux verticillés, à feuilles sessiles, étroites, linéaires, éparses, mais rapprochées de manière à former de faux verticilles. Les fleurs sont disposées en chatons monoïques sur des rameaux différents : les mâles terminaux, arrondis; les femelles ovoïdes-cylindriques, solitaires. Les cônes sont constitués par des écailles cunéiformes, coriaces, ligneuses, dont chacune recouvre sept graines ovoïdes, comprimées, à aile membraneuse.

— Le sciadopitys verticillé (*S. verticillata*) est un arbre de 40 mètres, à rameaux nombreux, portant des feuilles

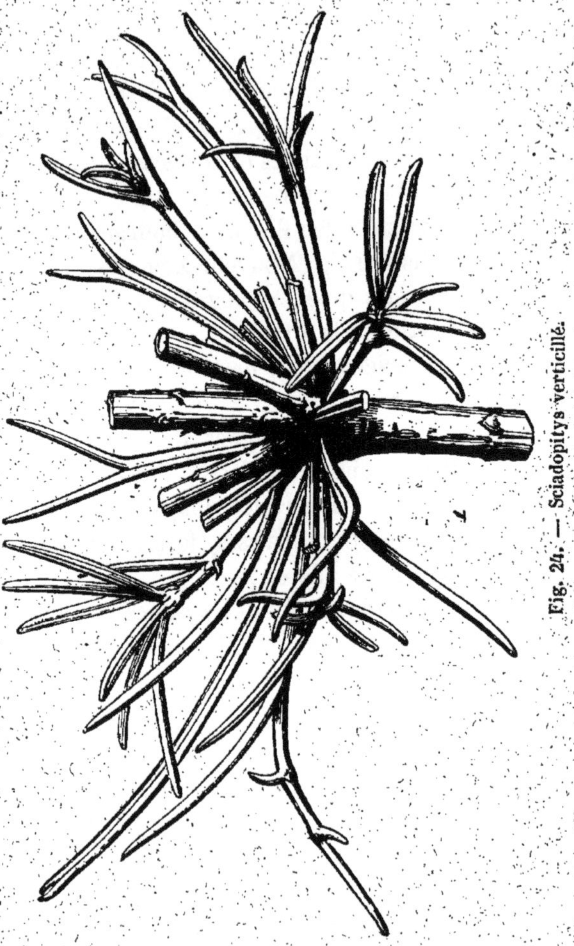

Fig. 24. — Sciadopitys verticillé.

longues de 1 à 2 cent., linéaires, planes, coriaces, épaisses, glabres, marquées en dessous d'une ligne glauque (fig. 24). Les cônes, longs de 7 cent., ovoïdes-cylindriques, obtus, à écailles persistantes, gris-brunâtre, renferment des graines ovoïdes, comprimées, à aile très-courte.

Il existe des variétés naines, à feuilles panachées de jaune, etc.

Cette espèce croît au Japon ; elle résiste assez bien à nos hivers.

Bélis (*Cunninghamia*).

Les Bélis sont des arbres, à rameaux épars ou verticillés, à feuilles étroites, très-rapprochées. Les fleurs sont groupées en chatons monoïques, sur des rameaux différents : les mâles cylindriques, terminaux, réunis en tête; les femelles, ovoïdes, sessiles, terminaux, fasciculés. Les cônes, ovoïdes ou arrondis, sont formés d'écailles coriaces, dont chacune recouvre trois graines ovoïdes, comprimées, ailées.

— Le bélis de la Chine (*C. Sinensis*) est un arbre de 15 mètres, à branches courtes, à rameaux distiques, portant des feuilles longues de 4 cent., très-rapprochées, distiques en apparence, dentelées, pointues, luisantes et d'un vert gai en dessus, marquées de deux bandes glauques en dessous. Les cônes, longs de 4 cent., ovoïdes, aplatis, roussâtres, renferment des graines très-comprimées.

Il y a une variété à rameaux glauques et à feuilles argentées en dessous.

Cette espèce, originaire du midi de la Chine, est aussi cultivée au Japon. Elle végète bien, avec quelques soins, sous le climat de Paris.

Séquoia (*Sequoia*).

Les Séquoias sont des arbres gigantesques, à rameaux épars ou verticillés, à feuilles tantôt linéaires, planes et comme distiques, tantôt presque squamiformes et étroitement imbriquées. Les fleurs sont disposées en chatons mo-

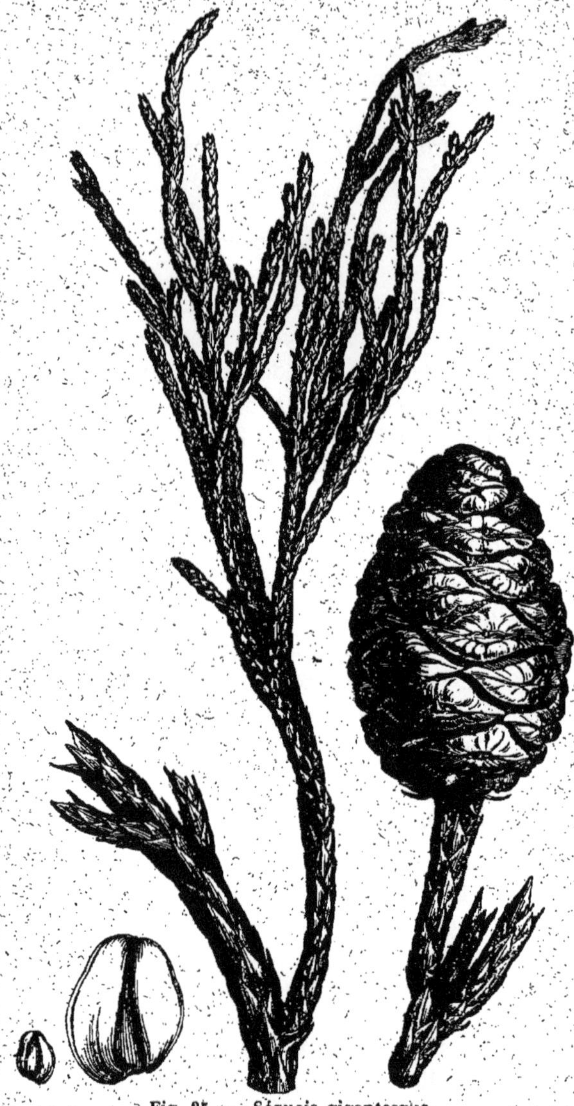

Fig. 25. — Séquoia gigantesque.

noïques sur des rameaux différents : les mâles écailleux,

terminaux, presque arrondis; les femelles solitaires, terminaux. Les cônes, ovoïdes ou cylindro-coniques, atténués
et obtus aux deux bouts, sont formés d'écailles coriaces, ligneuses, épaisses, rugueuses, persistantes, obtuses ou comme
tronquées au sommet, et dont chacune recouvre cinq graines
ovoïdes, comprimées, accompagnées d'une aile membraneuse.
La maturation de ces cônes est annuelle ou bisannuelle.

Ce genre comprend deux ou trois espèces, qui croissent
en Californie; ce sont les plus grands arbres de la famille
des Conifères. Par ses caractères, il forme le passage des
Abiétinées aux Cupressinées; aussi M. Carrière en a-t-il
fait le type d'un groupe spécial, qu'il désigne sous le nom
de *Séquoiées*.

— Le séquoia toujours vert (*S. sempervirens*), appelé
en Amérique *red-wood* (bois rouge), est un arbre qui atteint 80 mètres et plus, sur 10 à 20 mètres de tour. Sa tige,
couverte d'une écorce très-épaisse, rougeâtre, se divise en
branches étalées, éparses ou presque verticillées. Ses rameaux, nombreux, distiques, portent des feuilles, les unes
très-courtes, squamiformes et lâchement imbriquées, les
autres longues de 2 à 3 cent., planes, linéaires, aiguës, presque distiques, blanches et farinacées en dessous dans les
jeunes individus. Les cônes, longs de 4 cent., ovoïdes, un
peu atténués et obtus au sommet, renferment des graines
comprimées, à aile mince et échancrée, dépassant quelquefois les écailles.

Il existe des variétés à rameaux dressés, à feuilles plus
larges, plus ténues ou plus courtes, ou d'un jaune pâle, ainsi
que les bourgeons.

Cette espèce est originaire de la Californie; un peu délicate pour le climat de Paris, elle végète très-bien à Cherbourg, à Angers, en Sologne, etc. Elle a l'avantage, très-
rare chez les Conifères, de repousser de souche.

— Le séquoia gigantesque (*S. gigantea*), plus connu, en

Amérique et en Angleterre, sous les noms de *Washingtonia* et de *Wellingtonia*, est le plus grand arbre de la famille des Conifères et l'un des géants du règne végétal. Il atteint quelquefois la hauteur de 100 mètres et plus, sur 30 mètres de tour. Ses rameaux, étalés, épars, portent des feuilles alternes, courtes, ovales, charnues, aiguës dans leur jeunesse, plus tard obtuses, étroitement imbriquées (fig. 25). Les cônes, longs de 5 cent., ovoïdes, atténués aux deux bouts, pendants, solitaires ou groupés, ne mûrissent que la seconde année.

Il y a des variétés à feuilles glauques, blanc jaunâtre ou jaune doré.

Cette espèce, originaire de la Californie, se recommande par son port majestueux, ses dimensions, sa longévité, sa rusticité, sa croissance rapide, non moins que par les qualités de son bois. Elle est susceptible de croître en plein air dans presque toutes les parties de la France et de la Belgique. Nous avons aujourd'hui des sujets hauts de 10 mètres et plus.

Arthrotaxis (*Arthrotaxis*).

Les Arthrotaxis sont de petits arbres ou des arbrisseaux, à feuilles linéaires ou squamiformes, ovales, épaisses, charnues, imbriquées. Les fleurs sont disposées en chatons monoïques : les mâles très-courts, minces, lâches ; les femelles, sessiles, petits, presque globuleux ; les uns et les autres solitaires à l'extrémité des rameaux, et ayant leur base entourée de feuilles raccourcies. Les cônes, ovoïdes-arrondis, sont formés d'écailles ligneuses, dont chacune recouvre deux à cinq graines ovoïdes, comprimées, à aile membraneuse arrondie. Ces cônes mûrissent dans la première année.

Ce genre renferme quatre espèces, qui croissent dans la Tasmanie. Elles sont en général assez rustiques et paraissent susceptibles de croître en plein air dans le midi, l'ouest et même le centre de la France. Sous le climat de Paris, il sera bon, vu leur petite taille, de les tenir en caisses ou en pots, qu'on puisse rentrer en orangerie ou en serre froide durant l'hiver.

— L'arthrotaxis sélagine (*A. selaginoides*) peut atteindre, dit-on, la hauteur de 15 mètres, mais reste beaucoup plus bas dans nos cultures. Ses rameaux, nombreux, verticillés, en général par trois, sont couverts de feuilles ovales, longues de 1 cent., obtuses, épaisses, charnues-coriaces, luisantes, assez espacées, imbriquées en spirale. Les cônes, longs de 3 à 4 cent., presque globuleux, à écailles obtuses, épaisses, ligneuses, coriaces, renferment des graines roussâtres, ailées, à test mince et crustacé.

Il existe une variété pyramidale, à rameaux dressés, que l'on désigne quelquefois sous le nom d'Arthrotaxis imbriqué.

— L'arthrotaxis à feuilles lâches (*A. laxifolia*) atteint à peine la hauteur de 10 mètres; ses rameaux nombreux, (fig. 26), épars, étalés, portent des feuilles épaisses, charnues, un peu concaves, aiguës au sommet, élargies à la base, recourbées vers le rameau. Par tous ses caractères, il ressemble beaucoup au précédent, dont il paraît être une simple variété.

— L'arthrotaxis cyprès (*A. cupressoides*) est un arbre de 10 à 15 mètres, à rameaux nombreux, portant des feuilles longues de 1 demi-cent., ovales-obtuses, coriaces, luisantes, fortement imbriquées. Les cônes, longs de 1 cent., presque globuleux, sont formés d'écailles cunéiformes, lancéolées, ligneuses, presque peltées, à surface inégale.

Cette espèce ressemble aussi beaucoup à la première.

— L'arthrotaxis de Gunne (*A. Gunneana*) est un arbrisseau buissonnant, à rameaux nombreux, assez longs, inclinés, portant des feuilles alternes ou éparses, longues de 1 à 2 cent., épaisses, charnues, pointues, un peu arquées, distantes, glauques et farinacées à l'intérieur.

Cette espèce, bien distincte des autres, paraît être un

Fig. 26. — Arthrotaxis à feuilles lâches.

peu plus délicate. Elle a néanmoins passé quelques hivers
sous le climat de Paris.

Les graines de ces végétaux étant très-rares, on les multiplie ordinairement par boutures ou par greffe sur le Bélis de Chine.

II. CUPRESSINÉES.

Les Cupressinées sont des arbres ou des arbrisseaux très-rameux, à feuilles étroites, linéaires ou squamiformes, rarement éparses, le plus souvent opposées, ternées ou verticillées, fréquemment décurrentes et imbriquées en séries régulières, presque toujours persistantes. Les fleurs, monoïques ou dioïques, le plus souvent dépourvues de bractées, sont disposées en chatons formés d'écailles imbriquées autour d'un axe commun. Les chatons mâles présentent des étamines à filets courts et épais, à connectif squamiforme, à loges en nombre variable. Les chatons femelles ont des écailles peu nombreuses, très-souvent peltées, éparses, opposées où verticillées sur un axe de longueur variable, et dont chacune recouvre plusieurs ovules. Le fruit se compose d'écailles ligneuses, coriaces, charnues ou cartilagineuses, épaisses ou minces, relativement peu nombreuses, persistantes. La maturation est annuelle ou bisannuelle. Chaque écaille porte à sa face interne une ou plusieurs graines, ovoïdes ou comprimées, le plus souvent munies d'une aile membraneuse.

Cyprès (*Cupressus*).

Les Cyprès sont des arbres, plus rarement des arbrisseaux, à rameaux dressés, étalés ou pendants, portant des feuilles opposées ou verticillées, petites, squamiformes, étroitement imbriquées. Les fleurs sont disposées en chatons monoïques, à l'extrémité de rameaux différents : les mâles, cylindriques, à étamines opposées et imbriquées sur quatre rangs; les femelles, solitaires, ovoïdes-arrondis, à écailles recouvrant chacune six à dix ovules. Les cônes, ovoïdes-arrondis, souvent anguleux, sont composés d'écailles ligneuses, écartées à la maturité, et dont chacune recouvre plusieurs graines dressées, anguleuses, brunâtres, à test cartilagineux ou osseux, prolongé de chaque côté en aile membraneuse. La maturation de ces cônes est bisannuelle.

Ce genre comprend une douzaine d'espèces, qui croissent en général dans les régions tempérées de l'hémisphère nord. La plupart peuvent vivre en plein air dans le centre de la France.

— Le cyprès commun (*C. fastigiata*) est un arbre de 20 mètres et plus, à rameaux rapprochés, dressés, fastigiés, formant une cime pyramidale élancée, étroite et très-compacte. Les feuilles sont très-petites, squamiformes, rapprochées, étroitement imbriquées, d'un vert sombre. Les cônes, longs de 2 à 3 cent., ovoïdes-arrondis, obtus au sommet, souvent solitaires, sont formés d'écailles lisses, unies, légèrement bombées au milieu.

Il existe des variétés à cime très-étroite, à rameaux courts; à feuilles plus longues ou plus petites, ou panachées de blanc jaunâtre, quelquefois glauques ; à cônes plus gros ou plus petits, d'un gris cendré ou jaunâtre, etc.

Originaire de l'Orient, cette espèce est aujourd'hui naturalisée sur tout le pourtour du bassin méditerranéen.

— Le cyprès étalé (*C. horizontalis*), vulgairement *arbre de Montpellier*, est généralement regardé comme une simple variété du précédent. Son port rappelle assez celui du cèdre du Liban. Sa tige peut dépasser la hauteur de 25 mètres. Ses rameaux, étalés, portent des feuilles très-petites, squamiformes, opposées, étroitement imbriquées. Ses cônes, longs de 3 à 4 cent., ovoïdes, anguleux, sont très-nombreux et souvent agglomérés.

Il existe des variétés à tiges plus courtes ou buissonnantes, à rameaux obliques ou pendants, à feuilles panachées de blanc jaunâtre.

Cette espèce, originaire de l'Orient, comme la précédente, est aussi naturalisée dans le midi de l'Europe.

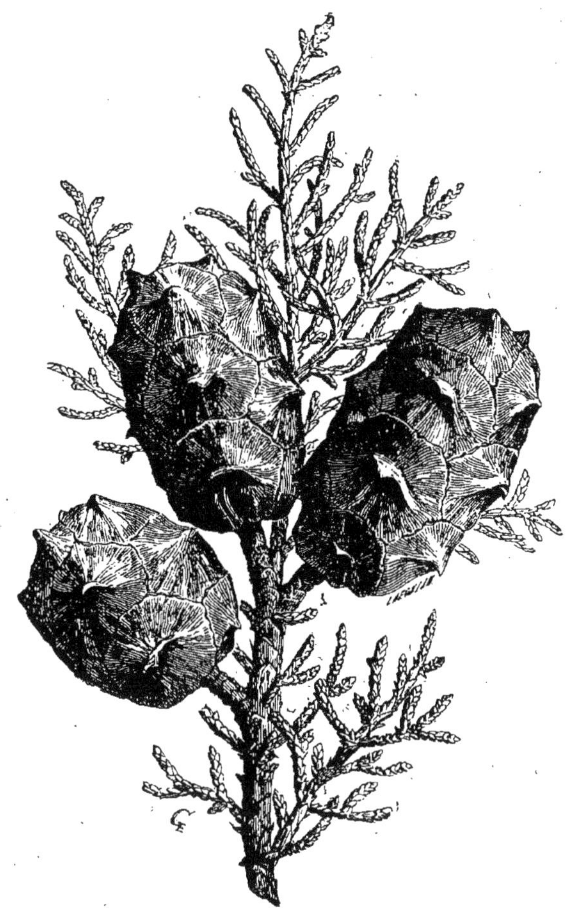

Fig. 27. — Cyprès de Lambert.

— Le cyprès de Lambert (*C. Lambertiana*) est un arbre
de 25 mètres, à rameaux longs (fig. 27), étalés, très-rapprochés, portant des feuilles squamiformes, très-petites, épaisses,

5.

étroitement imbriquées. Les cônes, longs de 3 à 4 cent., ovoïdes-oblongs, anguleux, sont luisants et d'un gris cendré.

Il existe des variétés à écorce glauque ou brun violacé, à rameaux très-développés, parfois réunis en paquets ou en fascicules, etc.

Cette espèce habite la Californie; elle est très-rustique.

— Le cyprès d'Hartweg (*C. Hartwegii*) est un grand arbre à tige droite, couverte d'une écorce rouge brunâtre. Ses rameaux nombreux, dressés, plus rarement étalés, portent des feuilles squamiformes, assez longues, opposées ou ternées, distantes. Les cônes, longs de 2 à 3 cent., ovoïdes-oblongs, brunâtres, renferment des graines comprimées.

Cette espèce, originaire de la Californie, ressemble à la précédente; mais elle est beaucoup moins rustique et gèle souvent à Paris.

— Le cyprès de Californie (*C. Californica*) est un arbre à rameaux très-longs, étalés, tortueux, irréguliers, diffus, portant des feuilles squamiformes, un peu glauques, étroitement imbriquées, aromatiques quand on les froisse.

Cette espèce est très-rustique; mais dans nos cultures elle reste souvent à l'état d'arbrisseau buissonnant, compacte et diffus.

— Le cyprès de Mac-Nab (*C. Mac-Nabiana*) est un petit arbre ou un arbrisseau buissonnant (fig. 28), atteignant tout au plus la hauteur de 10 mètres. Ses rameaux très-nombreux, dressés, à écorce d'un brun noirâtre, portent des feuilles squamiformes, courtes, ovales, distantes sur le vieux bois, très-rapprochées et étroitement imbriquées sur les jeunes rameaux, un peu glauques en dessous. Les cônes, globuleux, longs d'environ 1 cent., le plus souvent réunis en grappes au sommet des rameaux, sont formés d'un petit nombre d'écailles opposées, qui recouvrent des graines à aile très-courte.

Cette espèce croît dans les montagnes du nord de la Ca-

lifornie ; elle est très-rustique et vient bien surtout dans notre midi.

Fig. 28. — Cyprès de Mac-Nab.

— Le cyprès de Knight (*C. Knightiana*) est un arbre de
30 mètres, à écorce lisse, rouge brun. Ses rameaux étalés,
distants, assez grêles, portent des feuilles squamiformes, aiguës, opposées. Les cônes, longs de 1 cent., globuleux, souvent groupés, ont des écailles brunes et luisantes.

Il y a des variétés à rameaux effilés, glauques, violacés ou rougeâtres.

Cette espèce habite les montagnes du Mexique.

— Le cyprès de Gowen (*C. Goweniana*) est un arbrisseau buissonnant, de 3 à 4 mètres, à rameaux longs, étalés, irréguliers, diffus, portant des feuilles assez longues, ovales, le plus souvent aiguës, squamiformes, opposées ou ternées. Les cônes, longs de 1 à 2 cent., ovoïdes ou globuleux, en général réunis par petits groupes, sont formés d'écailles brunes et luisantes.

Il y a des variétés à rameaux glauques, vert clair, grêles, pendants, etc.

Cette espèce croît dans les montagnes de la Californie.

— Le cyprès cornu (*C. cornuta*) est aussi un arbrisseau buissonnant; il atteint la hauteur de 5 à 6 mètres. Ses rameaux nombreux, étalés, portent des feuilles squamiformes, rapprochées, élargies à la base, aiguës au sommet (fig. 29). Les cônes, assez petits, d'un brun noirâtre, à écailles striées, portent vers leur sommet deux à quatre appendices, longs de 1 cent. et plus, épais, en forme de corne, souvent courbés au sommet.

Cette espèce est originaire des montagnes de la Californie.

— Le cyprès funèbre (*C. funebris*) est un arbre de 20 mètres, à cime pyramidale, étroite et pointue dans le jeune âge, plus tard large, compacte et arrondie. Ses rameaux, d'abord étalés, puis pendants, portent des feuilles aciculaires, ternées, ou squamiformes, opposées. Les cônes, longs de 1 cent. au plus, sont globuleux et brunâtres.

Il y a une variété à rameaux grêles et espacés.

Cette espèce croît dans le nord de la Chine; elle est assez rustique.

— Le cyprès de Portugal (*C. Lusitanica*) est un arbre de 15 mètres, à rameaux nombreux, diffus, étalés, défléchis,

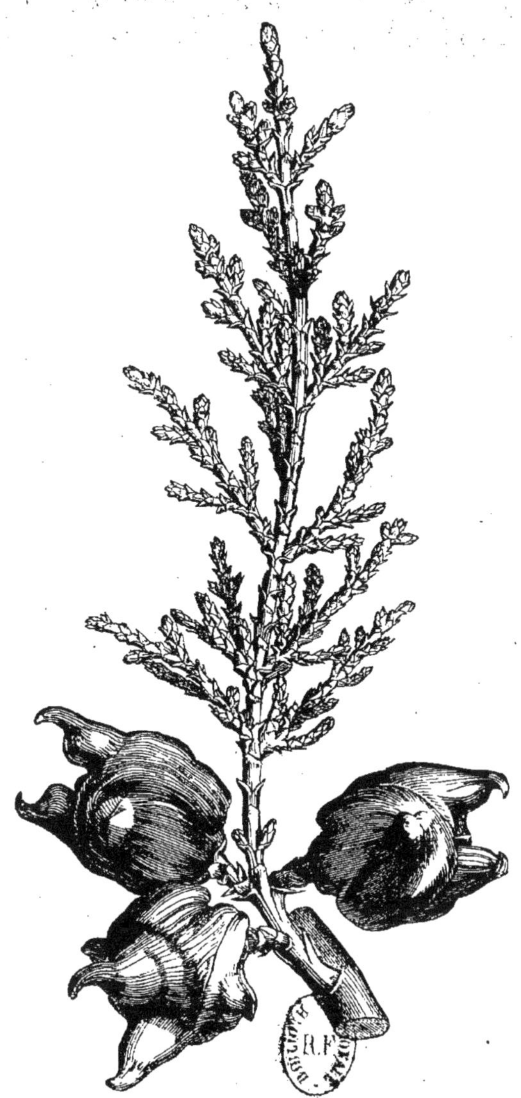

Fig. 29. — Cyprès cornu.

parfois pendants, à feuilles squamiformes, élargies à la base, aiguës au sommet, glauques, appliquées sur les rameaux. Les chatons mâles sont jaunâtres, et les femelles verdâtres. Les cônes, longs de 1 à 2 cent., globuleux, glauques, formés d'un petit nombre d'écailles peltées, renferment des graines nombreuses, petites, anguleuses, roux foncé ou brunâtre, à aile membraneuse et coriace.

On possède des variétés à feuilles et à cônes glauques, à cônes plus gros, à tige et à rameaux grêles, à feuilles bleuâtres ou jaunâtres, etc.

Cette espèce, originaire de l'Inde, est naturalisée en Portugal; on la trouve aussi très-fréquemment dans le midi de la France; mais elle redoute beaucoup les hivers du climat de Paris.

— Le cyprès toruleux (*C. torulosa*) est un arbre de 15 à 20 mètres, à cime pyramidale compacte, arrondie au sommet. Ses rameaux, nombreux, portent des feuilles petites, squamiformes, glauques ou d'un vert grisâtre, étroitement imbriquées. Ses cônes, longs de 1 à 2 cent., sont globuleux ou un peu déprimés, brunâtres, un peu glauques.

On possède d'assez nombreuses variétés, à rameaux grêles, à feuilles plus glauques, à cônes plus petits, d'un brun noirâtre, etc.

Cette espèce croît dans les montagnes du Népaul et du Bootan; elle ne supporte pas les hivers du climat de Paris.

Chamécyparis (*Chamæcyparis*).

Les Chamécyparis sont des arbres à rameaux comprimés, portant des feuilles petites, squamiformes, décurrentes, très-rapprochées et étroitement appliquées. Les fleurs sont disposées en chatons monoïques, sur des rameaux différents : les mâles, cylindriques, terminaux ; les femelles, solitaires, presque globuleux. Les cônes, arrondis, à écailles ligneuses, arrondies ou anguleuses, peltées, bombées au centre, renferment des graines ovoïdes ou presque sphériques, com primées, aplaties ou anguleuses, atténuées de chaque côté en une aile membraneuse. La maturation est annuelle.

Ce genre comprend cinq ou six espèces, qui croissent dans les régions tempérées de l'Amérique du Nord et au Japon. Toutes sont rustiques et susceptibles d'être cultivées en plein air sous nos climats.

— Le chamécyparis sphéroïde (*C. sphæroidea*) est un arbre de 25 mètres, à tige droite, à rameaux étalés, portant des feuilles très-petites, squamiformes, obtuses, décurrentes à la base, fortement imbriquées sur les sujets adultes. Les cônes, globuleux, du volume d'un pois, souvent groupés en grand nombre, brunâtres, glauques, sont formés d'écailles ridées ou tuberculées.

Il existe d'assez nombreuses variétés, pyramidales, naines, buissonnantes, à feuilles vert foncé, glauques, ou panachées de blanc jaunâtre, etc.

Une des variétés les plus intéressantes est le chamécyparis des Andelys (fig. 30); c'est un arbrisseau de 5 mètres au plus, à rameaux nombreux, courts, très-rapprochés, formant une pyramide très-compacte, et portant des feuilles longues de 1 demi-cent., molles, glauques, surtout en dessous.

Cette espèce croît dans les pays tempérés de l'Amérique du Nord.

— Le chamécyparis de Boursier (*C. Boursieri*) est un arbre de 30 mètres, à rameaux étalés, nombreux, très-rapprochés, portant des feuilles squamiformes, obtuses, glauques ou grisâtres, opposées et étroitement imbriquées. Les cônes, presque ronds, du volume d'un pois, brunâtres, renferment des graines nombreuses, petites, luisantes et d'un jaune brunâtre.

Il y a des variétés naines, à feuilles argentées ou panachées de jaune, etc.

Cette espèce croît dans les montagnes du nord de la Californie.

— Le chamécyparis de Nutka (*C. Nutkaensis*) est un arbre de 30 mètres, à rameaux nombreux, dressés ou étalés, quelquefois pendants, très-rapprochés, à écorce jaunâtre,

Fig. 30. — Chamécyparis des Andelys.

portant des feuilles squamiformes, étroitement imbriquées (fig. 31). Les cônes, longs de 1 cent. environ, globuleux, solitaires, d'un vert glauque panaché de violet noirâtre, renferment des graines à aile échancrée.

On possède une variété à feuilles panachées.

Cette espèce croît dans le nord-ouest de l'Amérique.

— Le chamécyparis obtus (*C. obtusa*) est un arbre de

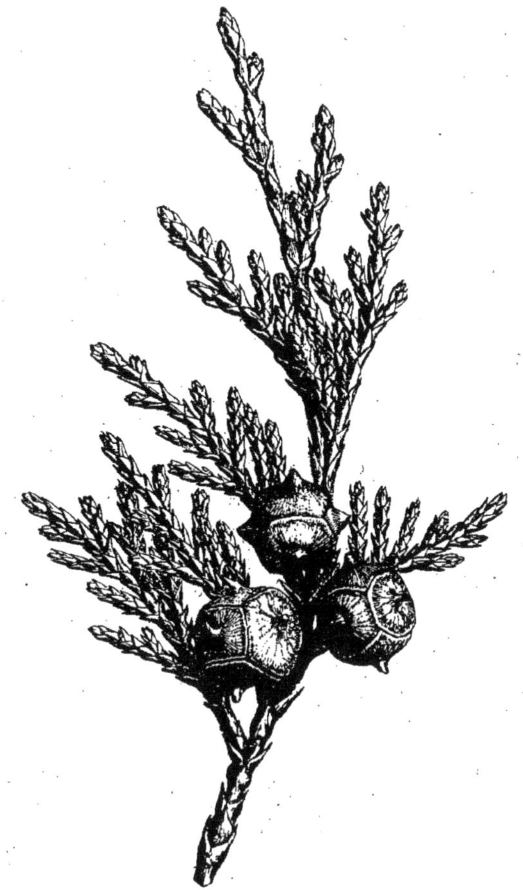

Fig. 31. — Chamécyparis de Nutka.

25 mètres, à rameaux étalés, très-rapprochés, portant des feuilles squamiformes, plus ou moins longues, entièrement appliquées (fig. 32). Les cônes, du volume d'un pois, solitaires, à écailles un peu rugueuses, renferment des grai-

nes très-petites, comprimées, presque orbiculaires, d'un roux brunâtre, à aile membraneuse.

Fig. 32. — Chamécyparis obtus.

On possède des variétés naines et buissonnantes, à rameaux grêles, ou en éventail, à feuilles jaune d'or ou panachées de blanc jaunâtre, etc.

Cette espèce est originaire des montagnes du Japon ; elle

est très-rustique, et pousse assez vigoureusement dans nos cultures.

— Le chamécyparis pisifère (*C. pisifera*) est un arbre plus petit et plus grêle que le précédent. Ses rameaux, nombreux, étalés, portent des feuilles squamiformes, opposées, aiguës, un peu glauques en dessous. Les cônes, du volume d'un pois, globuleux, d'un brun fauve, à écailles cunéiformes, étalées, renferment des graines ovoïdes-oblongues, presque complétement entourées d'une aile membraneuse, brunâtre.

Il existe des variétés naines et buissonnantes, à feuilles argentées, ou d'un beau jaune d'or, ou panachées de blanc jaunâtre, etc.

Cette espèce croît dans les mêmes localités que la précédente ; elle est également très-rustique dans nos cultures.

Rétinospore (*Retinospora*).

Les Rétinospores sont des arbrisseaux ou des arbustes très-buissonnants, à rameaux nombreux, épars, très-grêles, cylindriques ou un peu anguleux, à feuilles assez longues, aciculaires, très-étroites, opposées, étalées et distantes. Les autres caractères sont ceux des Chamécyparis.

Ce genre comprend cinq ou six espèces, qui croissent presque exclusivement au Japon. La plupart sont assez rustiques.

— Le rétinospore écailleux (*R. squarrosa*) est un arbrisseau de 5 mètres au plus, à rameaux courts, dressés, couverts d'une écorce d'un gris cendré ou brunâtre, qui se détache en lames minces. Les feuilles, longues de 1 cent. environ, sont linéaires, aiguës, étalées, opposées ou verticillées, la plupart rudes au toucher, d'un vert gai, marquées de deux lignes glauques en dessous. Les cônes, du volume d'un petit pois, globuleux, d'un brun fauve, renferment des graines à aile membraneuse brunâtre.

Il existe une variété à feuilles et à rameaux panachés de blanc.

Cette espèce croît au Japon; elle souffre des hivers de Paris.

— Le rétinospore à rameaux grêles (*R. leptoclada*) est un arbrisseau ou un arbuste à la fois élancé et buissonnant, à rameaux nombreux, très-grêles, cylindriques, diffus et flexueux (fig. 33). Les feuilles, un peu plus courtes que dans l'espèce précédente, sont linéaires, étroites, aiguës, molles, opposées, d'un vert pâle en dessus, glauques ou argentées en dessous.

Cette espèce croît au Japon; elle est assez rustique.

— Le rétinospore rugueux (*R. pseudo-squarrosa*) est un arbrisseau à rameaux nombreux, un peu anguleux, d'un brun rougeâtre, formant une pyramide parfois étroite. Les feuilles, longues de 1 cent. ou plus, élargies à la base, aiguës au sommet, roides, scabres, marquées de deux lignes glauques en dessous, ont une teinte un peu rougeâtre ou ferrugineuse, qui devient très-prononcée, surtout durant l'hiver.

Cette plante a été trouvée au Mans, dans un semis.

— Le rétinospore genévrier (*R. juniperoides*) est un arbuste très-buissonnant, à rameaux cylindriques, dressés, nombreux, très-rapprochés, et formant une colonne large, courte, compacte, arrondie et obtuse au sommet. Les feuilles, longues de 1 cent. environ, sont aciculaires, très-roides, coriaces, élargies à la base, aiguës au sommet, épaisses, opposées, étalées, d'un vert glauque ou bleuâtre en dessus, marquées de deux lignes glauques en dessous. Elles présentent le plus souvent en hiver une teinte brune, qui passe même quelquefois au violet foncé.

On ne connaît pas bien la patrie de cette espèce, qu'on suppose être originaire du Japon. Elle est très-rustique.

— Le rétinospore d'Ellwanger (*R. Ellwangeriana*) est

Fig. 33. — Rétinospore à rameaux grêles.

un arbuste buissonnant (fig. 34), présentant des rameaux de deux sortes : les uns grêles, cylindriques, à feuilles courtes, étroitement imbriquées, inodores ; les autres, aplatis ou comprimés, à feuilles plus longues, aciculaires, poin-

Fig. 34. — Rétinospore d'Ellwanger.

tues, opposées, exhalant, quand on les froisse, une odeur
forte et agréable.

Cette plante a été trouvée dans un semis, par M. Ellwanger, à Boston. Elle est très-rustique et se multiplie facile-

ment, surtout si l'on a soin de choisir des rameaux cylindriques.

— Le rétinospore douteux (*R. dubia*) est un arbuste
nain, buissonnant, arrondi, très-compacte. Ses rameaux
très-nombreux, grêles, cylindriques, dressés, épars, portent des feuilles longues de 1 cent. environ, linéaires, aciculaires, molles, opposées, d'un vert pâle ou grisâtre en
dessus, plus ou moins glauques en dessous. Elles prennent
en hiver une teinte brune ou noirâtre.

On ne connaît pas l'origine de cet arbuste, qui a été
observé dans les cultures, en 1862; il est très-rustique et
se multiplie facilement.

Le doute auquel fait allusion le nom spécifique de cette
plante pourrait s'appliquer à la plupart des autres espèces,
et même au genre entier, qui a besoin d'être l'objet de nouvelles observations.

Taxodier (*Taxodium*).

Les Taxodiers sont de grands arbres ou des arbrisseaux
très-rameux, à feuilles alternes ou distiques, caduques ou
persistantes. Les fleurs sont groupées en chatons monoïques sur les mêmes rameaux : les mâles, en général nombreux, disposés en épis terminaux; les femelles, ovoïdes,
ou arrondis, à écailles coriaces. Les cônes, dont la maturation est annuelle, sont généralement petits, ovoïdes, ou
globuleux, à écailles ligneuses ou subéreuses, peltées,
ordinairement rugueuses, tuberculées ou mucronées. Chacune d'elles recouvre deux graines ovoïdes, comprimées
ou anguleuses, à test ligneux ou membraneux, quelquefois
prolongé en une aile latérale, très-petite ou rudimentaire.

Ce genre ne comprend que trois ou quatre espèces, qui
habitent les régions tempérées ou un peu chaudes de l'A-
mérique du Nord et de la Chine. Elles paraissent affectionner
particulièrement les sols humides. Elles s'accommodent en

général assez bien du climat de Paris et du centre de la France.
— Le taxodier distique (*T. distichum*), appelé vulgairement *cyprès chauve* et en anglais *cypress*, est un arbre de
30 mètres, dont les racines latérales produisent des protu-

Fig. 35. — Taxodier distique.

bérances coniques, obtuses, d'un roux brunâtre, s'élevant
d'un mètre et plus au-dessus du sol. La tige, qui devient
souvent très-grosse, est parfois anguleuse ou cannelée à la
base. Les rameaux, épars, nombreux, ordinairement étalés,
portent des feuilles longues de 1 à 2 cent. (fig. 35), linéai-

res, aiguës, distiques, caduques, prenant une teinte rouge à l'automne. Les cônes, longs de 1 à 2 cent., ovoïdes ou globuleux, à écailles épaisses, striées ou chagrinées, mucronées, renferment des graines anguleuses, parfois prolongées en forme d'aile.

Il existe de nombreuses variétés, naines ou buissonnantes, à rameaux fastigiés ou pendants, parfois fasciés, à feuilles plus courtes, d'un vert sombre, à cônes plus gros, pointus, épineux, tuberculeux, etc.

Cette espèce croît aux États-Unis, dans les marais. Elle est comme naturalisée aujourd'hui dans les parties tempérées de la France.

— Le taxodier du Mexique (*T. Mexicanum*) ressemble beaucoup au précédent, dont il diffère surtout par ses dimensions, bien plus fortes, et par ses feuilles, qui persistent pendant deux ans, et ne tombent que par suite des gelées. Dans nos cultures, il reste toujours à l'état d'arbrisseau, et ne résiste guère d'ailleurs aux hivers du climat de Paris.

— Le taxodier de la Chine (*T. Sinense*), dont on a fait le type du genre *Glyptostrobus*, est un arbrisseau, qui ne dépasse pas, au moins chez nous, la taille de 3 à 4 mètres. Sa tige, droite, à écorce grise, se divise en rameaux nombreux, étalés, anguleux, portant des feuilles longues de 1 cent. en moyenne, alternes ou distiques, d'autres, courtes et squamiformes. Les cônes, assez petits, ovoïdes-allongés, à écailles très-épaisses, renferment des graines ovoïdes, comprimées, munies d'une aile courte, très-adhérente.

Il existe une variété à rameaux pendants et très-feuillus.

Cette espèce végète bien dans le centre de la France.

Cryptomère (*Cryptomeria.*)

Les Cryptomères sont des arbres ou des arbrisseaux à feuilles épaisses, linéaires-subulées, courbées, anguleuses.

Les fleurs sont disposées en chatons monoïques, sessiles et terminaux : les mâles formant par leur réunion des sortes de grappes ou d'épis pendants. Les cônes, globuleux, sont formés d'écailles cunéiformes, subéreuses ou ligneuses, dont chacune recouvre trois à cinq graines ovoïdes-oblongues, comprimées, anguleuses, à test coriace, prolongé de chaque côté en une aile membraneuse étroite et échancrée.

Ce genre comprend deux espèces, qui croissent au Japon, et végètent assez bien en plein air sous nos climats.

— Le cryptomère du Japon (*C. Japonica*), vulgairement *cyprès du Japon*, est un arbre de 40 mètres, à tige droite, à rameaux nombreux, étalés, portant des feuilles longues de 1 à 3 cent., très-rapprochées, épaisses, charnues, subulées, aiguës au sommet, anguleuses, recourbées, les supérieures bien plus courtes, d'un vert gai, prenant presque toujours en hiver une teinte rouge plus ou moins intense. Les cônes, longs de 1 cent. environ, globuleux, brunâtres, solitaires, terminaux, à écailles divisées au sommet en lobes linéaires et divergents, renferment des graines anguleuses, comprimées, d'un brun marron, à aile courte.

On possède des variétés naines et buissonnantes, à rameaux plus courts ou grêles, souvent pendants, à feuilles plus petites, ou toujours vertes, ou d'un roux brunâtre, d'un vert glauque, panachées de jaune blanchâtre, etc.

— Le cryptomère élégant (*C. elegans*) est un petit arbre ou un arbrisseau (fig. 36), à tige robuste, couverte d'une écorce lisse et rougeâtre. Ses rameaux, nombreux, étalés, diffus, d'un roux brunâtre, portent des feuilles longues, fines, étalées, distantes, aiguës, d'un vert un peu bronzé, prenant en hiver une teinte rouge vif, brun foncé ou presque noire.

Cette espèce, très-voisine de la précédente, est peut-être un peu moins rustique ; néanmoins elle végète bien et fructifie à Angers, et semble même pouvoir vivre en plein air sous le climat de Paris.

Fig. 36. — Cryptomère élégant.

Thuia (*Thuia*).

Les Thuias sont des arbres ou des arbrisseaux, à rameaux comprimés, épars, couverts de feuilles petites, squami-formes, opposées, imbriquées. Les fleurs sont disposées en chatons monoïques, terminaux, sur des rameaux différents :

les mâles, ovoïdes-allongés, les femelles ovoïdes-fusiformes ou arrondis. Les cônes, ovoïdes-oblongs, sont composés d'écailles ovales-oblongues, coriaces, presque ligneuses, dont chacune recouvre deux graines comprimées, lenticulaires, à test cartilagineux, munies d'une aile membraneuse latérale, échancrée, souvent rudimentaire. La maturation est annuelle.

Ce genre comprend environ sept espèces, qui habitent surtout l'Amérique du Nord, la Chine et le Japon. Toutes sont plus ou moins rustiques.

— Le thuia d'Occident (*T. Occidentalis*), vulgairement *arbre de vie*, est un arbre ou un arbrisseau à rameaux nombreux, dressés, comprimés, très-rapprochés, formant une cime pyramidale étroite et très-compacte. Les feuilles, courtes, ovales, obtuses, d'un beau vert, souvent munies d'une glande ovale, sont étroitement imbriquées. Les cônes, longs de 1 cent., fusiformes, atténués et obtus au sommet, à écailles lisses, renferment des graines comprimées, munies d'une aile mince et scarieuse.

On possède d'assez nombreuses variétés naines et compactes, à rameaux pendants, à feuilles panachées de jaune pâle ou de blanchâtre, etc.

Cette espèce croît dans les régions tempérées de l'Amérique du Nord; elle est très-répandue et à peu près naturalisée en France.

— Le thuia gigantesque (*T. gigantea*) est un arbre de 40 mètres et plus, à écorce lisse, luisante, d'un roux brunâtre, se détachant en lames très-minces. Ses rameaux, nombreux, rapprochés, très-comprimés, portent des feuilles élargies à la base, aiguës au sommet, fortement appliquées (fig. 37). Les cônes, longs de 2 à 3 cent., renferment des graines munies d'une aile longue et blanchâtre.

Il existe une variété à cime étroite, compacte, presque cylindrique.

Cette espèce habite la Californie et les régions voisines ; elle est très-rustique, végète bien et fructifie abondamment chez nous.

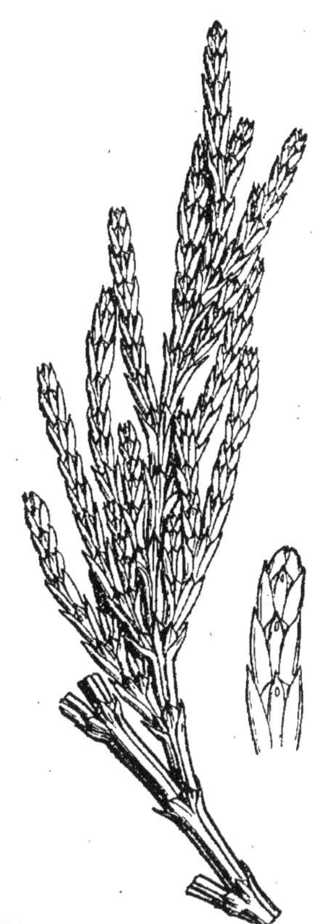

Fig. 37. — Thuia gigantesque.

— Le thuia plissé (*T. plicata*) est un arbre de moyenne grandeur, à rameaux épars, noueux ou verruqueux, très-rapprochés, largement comprimés et comme ailés, portant des feuilles squamiformes, glanduleuses, opposées, imbriquées sur quatre rangs. Les cônes ressemblent à ceux du thuia d'Occident.

6.

Il existe une variété à feuilles panachées de jaune blan-châtre.

Cette espèce croît dans le nord-ouest de l'Amérique.

— Le thuia de Menzies (*T. Menziesii, T. Lobbii*) est un arbre de 20 à 25 mètres, à rameaux épars, comprimés, assez distants, couverts de feuilles squamiformes, courtes, ovales-arrondies, obtuses au sommet, rarement glanduleuses, luisantes, d'un vert foncé, opposées, imbriquées. Les cônes, allongés, presque fusiformes, atténués au sommet, ressemblent à ceux du thuia d'Occident; il en est de même des graines, qui sont petites et très-comprimées.

Il y a des variétés à rameaux dressés, plus gros, plus rapprochés, etc.

Cette espèce est originaire de la Californie.

— Le thuia d'Orient (*T. Orientalis*), dont on a fait le type du genre *Biota,* est un arbre de 10 mètres au plus, à ra-

Fig. 38. — Thuia d'Orient.

meaux nombreux, épars, comprimés en éventail, formant une cime pyramidale compacte, plus ou moins élancée, et portant des feuilles petites, squamiformes, appliquées (fig. 38).

Les cônes, longs de 1 à 2 cent., ovoïdes, arrondis ou coniques, solitaires ou agglomérés, à écailles ligneuses, spongieuses, épaisses, tuberculées, renferment des graines ovoïdes, comprimées, luisantes, d'un roux brunâtre, à aile rudimentaire.

Il existe de nombreuses variétés, naines ou buissonnantes; à rameaux dressés, étalés ou pendants; à feuilles d'un vert sombre, panachées de jaune ou de blanc; à cônes très-petits, etc.

Cette espèce croît dans le nord de l'Asie, en Chine, au Japon, etc.

— Le thuia pyramidal (*T. pyramidalis*), appelé aussi *Thuia de Tartarie* ou *du Népaul*, est un arbrisseau, à rameaux grêles, très-comprimés, distants, formant une cime pyramidale ou une touffe buissonnante, et portant des feuilles squamiformes, opposées, rétrécies au sommet (fig. 39).

Fig. 39. — Thuia pyramidal.

Les cônes, un peu plus petits que dans le précédent, ont leurs écailles munies de longs appendices coniques, épais, obtus au sommet, recourbés en dehors.

Cette espèce croît dans les mêmes lieux que la précédente, dont elle ne forme peut-être qu'une simple variété.

— Le thuia de Meaux (*T. Meldensis*) est un arbrisseau de 3 à 5 mètres, à rameaux très-nombreux, formant une pyramide étroite, arrondie, obtuse, très-compacte. Les feuilles, linéaires, très-aiguës, piquantes, opposées, écartées, sont d'un vert très-glauque ou bleuâtre, et prennent en hiver une teinte rouge très-prononcée ; elles persistent plusieurs années après qu'elles sont desséchées. Les cônes ressemblent à ceux du thuia d'Orient.

L'origine de cet arbrisseau est assez curieuse ; on l'a trouvé, à Meaux, dans un semis de graines de thuia d'Orient. On a supposé que ce pouvait être un hybride de ce dernier et du genévrier de Virginie.

Thuiopsis (*Thuiopsis*).

Les Thuiopsis sont des arbres ou des arbrisseaux, à rameaux comprimés, ailés, à feuilles squamiformes, étroitement imbriquées. Les fleurs sont disposées en chatons monoïques, solitaires, terminaux, sur des rameaux différents : les mâles, cylindriques ; les femelles, presque globuleux. Les cônes, dont la maturation est bisannuelle, sont arrondis, formés d'un petit nombre d'écailles ovales, coriaces, ligneuses, opposées, imbriquées, élargies à la base, recourbées au sommet, recouvrant chacune cinq graines arrondies, comprimées, à aile membraneuse.

Ce genre comprend trois espèces, qui croissent en Chine et au Japon.

— Le thuiopsis doloire (*T. dolabrata*) est un arbre de 20 à 30 mètres, à branches longues, éparses ou verticillées, le plus souvent étalées, à rameaux distiques, comprimés, largement ailés, portant des feuilles squamiformes, ovales, élargies à la base, marquées de deux lignes glauques en dessous, décurrentes, imbriquées sur quatre rangs. Les cônes, longs de 1 cent. environ, sont presque globuleux, brunâtres, à écailles ligneuses, larges, cunéiformes, et renferment des graines ailées, orbiculaires, comprimées.

Il y a des variétés naines et à feuilles panachées de blanc.

Cette espèce croît au Japon ; elle est assez rustique.

— Le thuiopsis vert gai (*T. lætevirens*) est un arbrisseau à tige droite, à rameaux dressés, distiques, nombreux, très-comprimés, portant des feuilles squamiformes, ovales, obtuses, d'un vert gai, marquées en dessous d'une ligne glauque et comme argentée.

Cette espèce croît en Chine ; elle est aussi rustique que la précédente, dont elle semble n'être qu'une variété réduite.

— Le thuiopsis de Standish (*T. Standishii*) est un arbre à branches étalées ou pendantes, à rameaux courts, comprimés, rapprochés, couverts de feuilles squamiformes, ovales, obtuses, imbriquées, décurrentes.

Cette espèce croît en Chine et au Japon.

Fitz-Roya (*Fitz-Roya*).

Les Fitz-Roya sont des arbres à feuilles assez longues, alternes, opposées ou verticillées. Les fleurs sont unisexuées (on ne connaît pas les mâles); les femelles forment des chatons solitaires, à l'extrémité de courts rameaux. Les cônes, petits, en forme de chaton étoilé, sont formés de quelques écailles, dont chacune recouvre trois graines comprimées, à aile membraneuse.

— Le Fitz-Roya de Patagonie (*F. Patagonica*) est un arbre de 30 mètres, à rameaux étalés ou pendants, portant des feuilles de deux sortes : les unes linéaires, planes, longues de 1 cent. ou plus ; les autres, bien plus courtes, ovales, rapprochées, presque imbriquées, marquées de lignes glauques. Les cônes sont petits, tuberculés au sommet et comme étoilés.

Cette espèce, l'unique du genre, croît dans les montagnes

de la Patagonie, les terres Magellaniques. Sous le climat de Paris, elle exige la serre froide, où elle ne forme jamais qu'un arbuste buissonnant.

Libocèdre (*Libocedrus*).

Les Libocèdres sont des arbres ou des arbrisseaux à rameaux comprimés, à feuilles squamiformes, opposées, imbriquées. Les fleurs sont en chatons monoïques, solitaires, terminaux, sur des rameaux différents : les mâles, presque cylindriques, les femelles, ovoïdes. Les cônes, ovoïdes, à valves un peu coriaces, tuberculées ou épineuses, renferment des graines comprimées, à test cartilagineux, munies d'ailes membraneuses. La maturation est annuelle.

Ce genre comprend trois espèces, qui croissent dans l'Amérique australe et la Nouvelle-Zélande. Elles ne supportent pas le climat de Paris.

— Le libocèdre du Chili (*L. Chilensis*) est un arbre de 25 mètres, à écorce gris brunâtre, à rameaux étalés, portant des feuilles squamiformes, imbriquées, étroitement appliquées (fig. 40). Les cônes ressemblent assez à ceux du thuia d'Occident ; ils renferment des graines géminées ou solitaires.

Il y a des variétés naines et buissonnantes, à feuilles glauques, etc.

Cette espèce, originaire des montagnes du Chili, vient bien en plein air dans le midi et dans l'ouest de la France.

— Le libocèdre tétragone (*L. tetragona*) est tantôt un grand arbre, tantôt un arbrisseau, à rameaux d'un roux brunâtre, portant des feuilles squamiformes, courtes, ovales, élargies à la base, aiguës au sommet. Les cônes, longs de 1 cent. et demi, sont ovoïdes, à écailles coriaces, ligneuses.

Cette espèce habite les régions australes de l'Amérique.

— Le libocèdre de Don (*L. Doniana*), appelé *yate* par les naturels, est un arbre de 25 mètres, à écorce brunâtre, à rameaux nombreux, épars, le plus souvent étalés, couverts

Fig. 40. — Libocèdre du Chili.

de feuilles squamiformes, épaisses, aiguës, opposées, fortement appliquées (fig. 41). Les cônes, longs de 1 centimètre et demi, ovoïdes-obtus, à écailles mucronées, renferment des graines solitaires, ovoïdes.

Fig. 41. — Libocèdre de Don.

Cette espèce habite les forêts montagneuses de la Nouvelle-Zélande ; elle végète en plein air et a même fructifié à Antibes.

Callitris (*Callitris*).

Les Callitris sont des arbres à feuilles aciculaires ou squamiformes, souvent glanduleuses. Les fleurs sont en chatons monoïques, terminaux, sur des rameaux différents : les mâles globuleux ou un peu coniques ; les femelles solitaires, très-courts, globuleux. Les cônes, dont la maturation est annuelle, sont déprimés, presque tétragones, à écailles ligneuses, recouvrant des graines longues, à test cartilagineux, à aile membraneuse large.

— Le callitris à quatre valves (*C. quadrivalvis*), vulgairement *thuia articulé* ou *à sandaraque*, est un arbre de moyenne grandeur, à cime élargie et arrondie. Ses rameaux, nombreux, étalés, articulés, portent des feuilles, les unes linéaires, aiguës, longues, planes, verticillées, les autres très-petites et squamiformes. Les cônes sont formés de quatre écailles munies d'une pointe droite ou recourbée.

Cette espèce, la seule du genre, croît sur les collines de l'Algérie. Elle est très-répandue dans le midi de la France. Elle présente cette particularité, rare chez les conifères, de repousser très-bien de souche.

Actinostrobe (*Actinostrobus*).

Les Actinostrobes sont des arbrisseaux, à feuilles ternées, squamiformes, décurrentes. Les fleurs sont disposées en chatons monoïques, solitaires, terminaux, ovoïdes ou arrondis, sur des rameaux différents. Les cônes, dont la maturation est annuelle, sont presque globuleux, composés de six écailles ligneuses, convexes, aiguës, disposées sur deux rangs ; ils renferment des graines trigones, à deux ou trois ailes.

— L'actinostrobe pyramidal (*A. pyramidalis*) est un arbrisseau à cime arrondie, très-compacte. Sa tige a une écorce gris cendré, qui se détache en lames minces. Ses rameaux, peu nombreux, grêles, diffus, épars, portent des feuilles squamiformes, ternées, épaisses, roides, aiguës et presque piquantes. Les cônes, solitaires ou agglomérés, ovoïdes-coniques, obtus ou presque globuleux, brunâtres, munis d'une sorte de calicule à la base, renferment des graines trigones et brunâtres.

Cette espèce croît en Australie, dans les lieux sablonneux et humides; elle végète bien en plein air à Hyères.

Pachylépis (*Widdringtonia*).

Les Pachylépis sont des arbres ou des arbrisseaux à feuilles alternes, linéaires ou squamiformes. Les fleurs sont disposées en chatons dioïques, solitaires : les mâles oblongs, terminaux; les femelles, arrondi, axillaires. Les cônes, dont la maturation est bisannuelle, sont arrondis, dressés, à quatre écailles ligneuses, mucronées, et renferment des graines à test crustacé, munies de deux ailes membraneuses.

Les espèces peu nombreuses de ce genre croissent dans l'Afrique australe et à Madagascar; elles ne vivent pas en plein air sous le climat de Paris.

— Le pachylépis cyprès (*W. cupressoides*) est un arbre atteignant au plus 15 mètres, à rameaux grêles, cylindriques, étalés ou pendants, portant des feuilles de deux sortes : les unes longues de 1 à 2 cent. planes, linéaires, droites, étalées, éparses, distantes; les autres courtes, squamiformes, appliquées et imbriquées. Les cônes, longs de 2 à 3 cent., ovoïdes-oblongs, tronqués au sommet, d'un gris cendré, sont formés d'écailles ligneuses, rugueuses, tuberculées ou mucronées.

Il existe des variétés naines et buissonnantes, à cônes plus gros et lisses, à rameaux grêles, à feuilles glauques ou glanduleuses, etc.

Cette espèce croît au cap de Bonne-Espérance, au Port-Natal, à Madagascar. Elle vient bien en plein air à Hyères.

— Le pachylépis genévrier (*W. juniperoides*) est un arbre de 10 mètres, à rameaux dressés, anguleux, formant une cime pyramidale assez étroite et pointue. Les feuilles, longues de 1 à 3 cent. sont planes, dressées, roides, coriaces, épaisses, aiguës, alternes, opposées ou verticillées, d'un vert glauque. Les cônes, globuleux, déprimés, luisants, brun rougeâtre, groupés en forme d'épis, ont des écailles ligneuses, recouvrant des graines brunes, à ailes étroites.

Cette espèce croît dans les montagnes du cap de Bonne-Espérance.

— Le pachylépis de Wallich (*W. Wallichii*) est un arbre de 12 mètres, à cime pyramidale un peu arrondie. Ses rameaux, nombreux, d'un vert gai, portent des feuilles élargies ou squamiformes. Il croît dans l'Afrique australe.

Frénèle (*Frenela*).

Les Frénèles sont des arbres ou des arbrisseaux à feuilles squamiformes, très-petites, généralement ternées. Les fleurs sont disposées en chatons monoïques, terminaux, sur des rameaux différents : les mâles, cylindriques ou arrondis ; les femelles, globuleux, solitaires ou groupés en panicules. Les cônes, globuleux, ovoïdes ou un peu coniques, renferment des graines nombreuses, lenticulaires, à test très-résistant, munies d'une aile membraneuse peu développée.

Ce genre comprend une quinzaine d'espèces, qui habitent l'Australie et les îles voisines ; elles ne supportent pas le climat de Paris.

— Le frénèle austral (*F. australis*) est un arbre de 20 mètres, à rameaux nombreux, dressés, très-rapprochés, formant une cime pyramidale ou cylindrique étroite et compacte, et portant des feuilles très-petites, aiguës, fortement appliquées. Les cônes, longs de 2 cent. environ, arrondis, le plus souvent agrégés, à écailles ligneuses, épaisses, renferment des graines ovoïdes.

Cette espèce habite l'Australie et la Tasmanie ; elle végète bien en plein air dans la Basse-Provence.

— Le frénèle trigone (*F. triquetra*) est un petit arbre de 10 mètres au plus, ou un arbrisseau, à rameaux nombreux, trigones, articulés, dressés, formant une cime pyramidale. Les feuilles sont très-petites, aiguës, fortement appliquées, un peu glauques. Les cônes, ovoïdes ou arrondis, en général groupés, à écailles mucronées, renferment des graines très-petites, anguleuses, d'un roux brunâtre, munies d'une aile presque rudimentaire.

Cette espèce habite l'Australie; elle vient bien à Hyères.

— Le frénèle variable (*F. variabilis*) est un arbrisseau à rameaux courts, trigones, articulés, glauques, formant une cime pyramidale, et portant des feuilles très-petites, aiguës, fortement appliquées. Les cônes, ovoïdes-coniques, solitaires ou groupés, d'un brun luisant, ont des écailles épaisses et lisses.

Cette espèce, originaire de l'Australie, végète bien à Nantes.

— Le frénèle de Hugel (*F. Hugelii*) est un arbrisseau à rameaux nombreux, dressés, articulés, d'un vert glauque, formant une cime élargie, et portant des feuilles ternées, si petites qu'elles sont à peine visibles à l'œil nu. Les cônes, longs de 2 cent., ovoïdes-arrondis, atténués aux deux bouts, déprimés et obtus au sommet, sont formés d'écailles ligneuses, luisantes, un peu rugueuses, d'un gris cendré.

Cette espèce est originaire de l'Australie; elle végète bien à Toulon et à Hyères.

— Le frénèle à gros épis (*F. macrostachya, F. Gunii*) est un arbre à rameaux dressés, trigones, glauques, formant une cime pyramidale, et portant des feuilles très-petites, aiguës, fortement appliquées. Les cônes, ovoïdes-arrondis, élargis à la base, aigus au sommet, solitaires ou groupés, d'un brun luisant, renferment des graines très-petites, brunes et anguleuses.

Cette espèce habite l'Australie et la Tasmanie; elle paraît végéter assez bien sous le climat d'Angers.

Genévrier (*Juniperus*).

Les Genévriers sont des arbres ou des arbrisseaux à rameaux cylindriques ou anguleux, à feuilles linéaires ou squamiformes, ternées ou imbriquées. Les fleurs sont disposées en chatons dioïques, plus rarement monoïques sur des rameaux différents, généralement globuleux, axillaires ou terminaux. Le fruit, qu'on ne peut plus ici qualifier de *cône*, se compose d'écailles charnues, soudées, lisses ou tuberculeuses, imbriquées; ce fruit, dont la maturation est bisannuelle, est ombiliqué au sommet; il renferme un petit nombre de graines arrondies, un peu anguleuses, à tégument osseux, résineuses, dépourvues d'aile.

Ce genre comprend une quarantaine d'espèces, qui croissent surtout dans les régions tempérées de l'hémisphère nord; la plupart d'entre elles sont susceptibles de vivre en plein air dans notre pays. On peut les diviser en deux groupes assez naturels, les *Oxycèdres* et les *Sabines*, suivant la forme et la disposition des rameaux et des feuilles.

A. Rameaux anguleux; feuilles aciculaires.

— Le genévrier commun (*J. communis*) est un arbre, un arbrisseau ou un arbuste à rameaux épars, dressés, étalés ou pendants, portant des feuilles longues de 1 cent., étroites, aciculaires, roides, aiguës, marquées d'une ligne glauque en dessus. Les fruits sont très-petits, d'un violet noirâtre ou un peu glauques.

Il existe de nombreuses variétés, arborescentes, naines ou buissonnantes, à rameaux dressés ou pendants, à feuilles roides, dressées, plus ou moins glauques, ou panachées de jaune, à écorce rougeâtre, à fruits oblongs, etc.

Abondamment répandue dans les régions tempérées et froides de l'ancien continent, cette espèce est cultivée dans beaucoup d'autres pays.

— Le genévrier nain (*J. nana*) est un arbuste buissonnant, à rameaux étalés, très-courts, portant des feuilles longues de 1 cent., linéaires, planes, épaisses, lancéolées, aiguës, marquées en dessus d'une ligne glauque, blanchâtre ou farinacée, et des fruits un peu plus gros que ceux du précédent.

Il y a des variétés très-naines, à feuilles blanchâtres, à fruits bleus, etc.

Cette espèce a la même distribution géographique que la précédente; mais elle croît surtout dans les montagnes; elle est très-rustique.

— Le genévrier oxycèdre (*J. oxycedrus*), vulgairement *cade* ou *cèdre piquant*, est un arbre ou un arbrisseau à rameaux nombreux, grêles, parfois pendants, portant des feuilles longues de 1 cent., étroites, aiguës, marquées de deux lignes glauques en dessus. Les fruits, du volume d'un pois, sont globuleux ou ovoïdes, lisses, luisants, d'un rouge orangé passant au roux brunâtre.

Il y a des variétés très-naines, à feuilles très-glauques, à fruits rouge vif, etc.

Cette espèce croît dans tout le bassin méditerranéen.

— Le genévrier cèdre (*J. cedrus*), vulgairement *cedro*, est un arbre à rameaux nombreux, étalés, glauques, couverts de feuilles très-rapprochées et très-glauques. Les fruits, longs de 1 cent., sont globuleux, lisses, d'un rouge brun ou fauve.

Cette espèce croît dans les Canaries, à Ténériffe, à Palma, etc.

— Le genévrier à gros fruits (*J. macrocarpa*) est un arbrisseau de 3 à 4 mètres, à rameaux glauques, étalés, distants, à feuilles longues de 1 cent., élargies à la base, très-glauques en dessus, étalées. Les fruits, longs de 1 cent., sont globuleux, le plus souvent lisses, d'un roux foncé ou brunâtre.

Il existe une variété pyramidale, à fruits plus petits.

Cette espèce croît dans presque toute la région méditerranéenne.

— Le genévrier drupacé (*J. drupacea*) est un arbre de 12 mètres, à rameaux nombreux, anguleux ou cylindriques,

Fig. 42. — Genévrier drupacé.

étalés, formant une cime pyramidale, et portant des feuilles longues de 1 cent. en moyenne, roides, très-aiguës, marquées de deux lignes glauques en dessus. Les fruits (fig. 42), longs de 2 à 3 cent., ovoïdes-obtus ou arrondis, glauques, farinacés, formés d'écailles charnues soudées, renferment un noyau ovoïde, osseux et très-dur.

Cette espèce croît dans diverses contrées de l'Orient, où on mange ses fruits; elle est très-rustique et réussit bien dans nos cultures.

B. Rameaux cylindriques; feuilles squamiformes.

— Le genévrier Sabine (*J. Sabina*), appelé plus simplement *sabine*, est un arbrisseau, de taille et de forme très-variables, le plus souvent formant une large pyramide étalée. Les feuilles sont de deux sortes : les unes linéaires, longues de 1 cent. au plus les autres, et c'est le plus grand nombre, petites, squamiformes, appliquées sur le rameau. Les fruits sont petits, ovoïdes, d'un violet foncé, couverts d'une poussière glauque à leur maturité.

Il existe des variétés naines, buissonnantes, à rameaux fastigiés, à feuilles presque toutes squamiformes, glauques ou panachées de jaune blanchâtre, etc.

Cette espèce croît dans les montagnes du midi de l'Europe.

— Le genévrier de Phénicie (*J. Phœnicea*), vulgairement *Morven*, est un arbrisseau touffu, buissonnant, à rameaux grêles, formant une cime pyramidale arrondie, et portant des feuilles de deux sortes, les unes linéaires, longues de 1 cent., souvent glauques, les autres courtes, squamiformes, étroitement imbriquées. Les fruits, longs de 1 cent. environ, presque globuleux, un peu déprimés, solitaires, sont lisses ou un peu rugueux, luisants, d'un noir violacé, un peu glauques.

Il existe des variétés pyramidales, naines, buissonnantes, à rameaux grêles et pendants, à feuilles glauques, à fruits d'un rouge fauve ou orangé, etc.

Cette espèce habite la région méditerranéenne; elle est rustique.

— Le genévrier bleu (*J. cœsia*) est un arbuste buissonnant, à rameaux nombreux, se dénudant de très-bonne
heure. Les feuilles inférieures sont linéaires, lancéolées, aiguës, luisantes, glauques, bleuâtres, surtout en dessus; les
supérieures beaucoup plus courtes et étroitement appliquées.

Cette espèce croît dans le nord de l'Europe.

— Le genévrier de Californie (*J. Californica*) est un
arbre de 12 à 15 mètres, à feuilles squamiformes, courtes,
très-rapprochées, fortement imbriquées. Les fruits, longs
de 1 cent. environ, sont solitaires, ovoïdes, un peu allongés,
lisses ou un peu tuberculeux, recouverts d'une poussière
glauque.

Cette espèce, comme son nom l'indique, croît en Californie. On ne connaît pas bien son degré de rusticité; mais
on a tout lieu de croire, d'après son habitat, qu'elle pourra
bien vivre en plein air sous nos climats.

— Le genévrier de Virginie (*J. Virginiana*), vulgairement *cèdre de Virginie* ou *cèdre rouge*, est un grand arbre,
à rameaux dressés, étalés ou pendants, portant des feuilles
aciculaires, longues de 1 cent., sur les jeunes individus,
squamiformes et étroitement imbriquées sur les sujets adultes. Les fleurs sont polygames. Les fruits sont très-petits,
ovoïdes-oblongs, lisses, à peu près unis, d'un violet foncé,
couverts d'une poussière glauque.

On possède des variétés pyramidales, naines, buissonnantes, à rameaux grêles ou épais, à feuilles glauques, gris
cendré, blanches, argentées, panachées de blanc jaunâtre, à
fleurs monoïques ou dioïques, etc.

Cette espèce croît dans presque toute l'Amérique du Nord;
elle est très-rustique, très-répandue et presque naturalisée
en France.

— Le genévrier du Japon (*J. Japonica*) est un arbrisseau à rameaux nombreux, dressés ou étalés, tortueux, for-

mant une cime pyramidale compacte ou buissonnante et diffuse, et portant des feuilles, les unes longues de 1 cent., aiguës, marquées de deux lignes glauques en dessus, les autres beaucoup plus courtes, squamiformes, étroitement imbriquées. Les fruits sont ovoïdes, déprimés, irréguliers, bosselés, très-glauques avant la maturité.

Il y a des variétés à feuilles bleuâtres ou panachées de jaune.

Cette espèce croît au Japon, peut-être aussi en Chine. Elle est très-rustique et végète bien sous le climat de l'Anjou.

— Le genévrier à fruits ronds (*J. sphærica*) est un arbre de 10 mètres, ou un arbrisseau moitié plus petit, à rameaux nombreux, grêles, portant des feuilles presque toutes squamiformes, opposées, imbriquées. Les fruits sont assez gros, presque globuleux, violacés, glauques et pruineux.

Il y a des variétés à feuilles glauques ou d'un vert sombre et noirâtre.

Cette espèce croît dans le nord de la Chine; elle est rustique, et végète bien, comme la précédente, en Anjou.

— Le genévrier à l'encens (*J. thurifera*) est un arbre de 10 mètres, ou un arbrisseau à écorce d'un gris blanchâtre. Ses rameaux, nombreux, portent des feuilles la plupart squamiformes, aiguës. Les fruits, longs de 1 cent. au plus, sont lisses et unis, d'abord glauques, puis d'un roux brunâtre.

Cette espèce croît dans le midi de l'Europe.

— Le genévrier cendré (*J. cinerea*) est un arbre vigoureux, à rameaux nombreux, formant une cime pyramidale assez élargie à la base. L'écorce est d'un gris cendré ou blanchâtre. Les feuilles sont petites et d'un gris cendré. Les fruits sont petits, globuleux, d'un noir intense, un peu glauques.

On ne connaît pas bien la patrie de cette espèce, souvent confondue dans les cultures avec la précédente. On suppose qu'elle est originaire de la région méditerranéenne; elle réussit très bien à Angers.

— Le genévrier tétragone (*J. tetragona*) est un arbrisseau de 3 à 4 mètres, à rameaux courts, tétragones, très-rapprochés, portant des feuilles presque toutes squamiformes, rapprochées, opposées, étroitement imbriquées sur quatre rangs. Les fruits, assez gros, irrégulièrement arrondis, souvent un peu déprimés, presque lisses, sont d'un violet noirâtre et un peu glauque à la maturité.

Cette espèce croît dans les montagnes du Mexique; elle végète bien en plein air, et fructifie dans le midi de la France.

— Le genévrier élevé (*J. excelsa*) est un assez grand arbre, à écorce d'un gris cendré brunâtre se détachant en lames. Ses rameaux, nombreux, rapprochés, dressés, formant une cime pyramidale, portent des feuilles courtes, épaisses, glauques, pulvérulentes. Les fruits, longs de 1 cent. et demi à peu près, solitaires, presque globuleux, sont d'un noir violacé et couverts d'une poussière glauque.

On possède des variétés très-élevées, ou naines et buissonnantes, à rameaux grêles, à feuilles panachées de blanc jaunâtre, à fruits très-petits, etc.

Cette espèce est originaire de l'Orient; quelques-unes de ses variétés habitent aussi l'Abyssinie ou l'Himalaya. En général elle est très-rustique; mais la variété panachée est délicate.

— Le genévrier religieux (*J. religiosa*) est un arbre de 30 mètres, à rameaux nombreux, rapprochés, portant des feuilles aiguës, opposées ou ternées, étroitement imbriquées. Les fleurs sont dioïques. Les fruits, du volume d'un petit pois, globuleux ou à peu près, parfois un peu aplatis ou lobés au sommet, sont lisses, d'un rouge pourpre ou brunâtre.

Cette espèce, qui, d'après M. Carrière, ne serait qu'une variété de la précédente, croît dans les régions élevées de l'Himalaya, où elle est souvent réduite à l'état d'arbuste buissonneux et rampant. Elle est très-rustique. Dans l'Inde, on la plante souvent autour des temples, et on brûle ses rameaux, en guise d'encens, dans les cérémonies religieuses ; de là vient son nom spécifique.

— Le genévrier recourbé (*J. recurva*) est un petit arbre ou un arbrisseau à écorce grise, à rameaux grêles, recourbés ou pendants, couverts de feuilles assez longues, minces, aiguës, opposées ou ternées, d'un vert grisâtre ou pulvérulentes. Les fruits, longs de 1 cent. au plus, ovoïdes-oblongs, à peu près lisses, noirs à la maturité, ne renferment qu'une graine.

Il y a une variété naine et buissonnante, à feuilles glauques.

Cette espèce croît dans l'Himalaya et le Népaul.

— Le genévrier écailleux (*J. squamata*) est un arbrisseau à rameaux très-longs, étalés, pendants ou traînants, couverts d'une écorce d'un gris roussâtre. Les feuilles inférieures sont aciculaires, roides, aiguës, très-rapprochées ; les supérieures, d'un vert clair ou glauque, fortement appliquées. Les fruits sont ovoïdes ou arrondis, d'un noir violacé glauque ou pruineux.

Cette espèce habite les mêmes régions que la précédente ; elle est très-rustique, et fructifie bien dans nos cultures.

— Le genévrier de Chine (*J. Sinensis*) est un petit arbre ou un grand arbrisseau, à rameaux nombreux, étalés ou dressés, formant une cime pyramidale plus ou moins large. Les feuilles sont tantôt longues de 1 cent., aciculaires, opposées ou ternées, glauques en dessus ; tantôt et plus souvent squamiformes, ovales-obtuses, étroitement imbriquées. Les fruits sont ovoïdes, irréguliers ou bosselés, noirâtres et pruineux à la maturité.

Cette espèce, qui est dioïque, croît en Chine et au Japon.

— Le genévrier flasque (*J. flaccida*) est un arbre de 10 mètres au plus, à rameaux étalés ou pendants, formant une cime pyramidale lâche. Les feuilles sont : les unes aciculai-

res, étroites, aiguës, opposées où ternées ; les autres squamiformes, ovales, aiguës, opposées, distantes. Les fruits, presque globuleux, d'un rouge foncé, un peu glauques, sont formés d'écailles mucronées.

Cette espèce croît dans les montagnes du Mexique. Elle végète bien à Angers, mais ne supporte pas les hivers de Paris.

III. TAXINÉES.

Les Taxinées sont des arbres ou des arbrisseaux, à rameaux épars ou verticillés, quelquefois dilatés, portant des
feuilles, tantôt linéaires, roides, planes, tantôt élargies, ovales ou lancéolées ou bien encore dilatées en éventail, tantôt
enfin squamiformes et décurrentes ; ces feuilles, éparses, distiques ou imbriquées, sont presque toujours persistantes. Les
fleurs sont le plus souvent dioïques, plus rarement monoïques sur des rameaux différents : les mâles, disposées en chatons ovoïdes ou arrondis ; les femelles solitaires ou réunies en
chatons courts ; les unes et les autres nues ou accompagnées
d'écailles ou de bractées. Le fruit, réduit ici à sa plus simple expression, consiste en une graine nue, insérée sur une
cupule charnue, souvent drupacée, et qui l'entoure d'une
manière plus ou moins complète. Sa maturation est en général annuelle, rarement bisannuelle. La graine est munie
de deux téguments, l'extérieur charnu ou osseux, l'intérieur osseux ou membraneux, parfois ridé transversalement.

If (*Taxus*).

Les Ifs sont des arbres ou des arbrisseaux, à feuilles éparses ou distiques, linéaires, droites, planes, assez larges. Les
fleurs sont dioïques ou monoïques : les mâles, disposées en
chatons arrondis, écailleux, simples, axillaires ; les femelles,
solitaires, insérées sur un disque axillaire, entouré d'écailles
imbriquées. Le fruit, dont la maturation est annuelle, con-

siste en une cupule charnue, entourant la base d'une graine unique, dressée, à tégument osseux.

Ce genre comprend un très-petit nombre d'espèces, qui croissent dans les régions tempérées et froides de l'hémisphère nord.

— L'if commun (*T. baccata*) est un arbre de 20 mètres, à écorce rougeâtre et fendillée, à rameaux épars, dressés, étalés ou penchés, portant des feuilles longues de 1 à 3 cent., épaisses, coriaces, luisantes, d'un vert foncé en dessus, plus pâles et marquées de deux lignes glauques en dessous. La graine est entourée d'une cupule charnue, visqueuse, d'un beau rouge.

Fig. 43. — If à feuilles courtes.

Il existe de nombreuses variétés, pyramidales, naines ou buissonnantes, à rameaux dressés ou étalés, à feuilles longues ou courtes (fig. 43), larges ou étroites, glauques, panachées de jaune ou de blanc, à fruits rouge vineux ou jaune d'or, etc.

Cette espèce croît dans presque toute l'Europe et en Asie.

— L'if du Canada (*T. Canadensis*) est un arbrisseau buissonnant, à rameaux faibles, peu nombreux, portant des feuilles longues de 2 cent., distantes, aiguës, un peu arquées, d'un vert pâle tirant sur le jaunâtre.

On possède une variété à feuilles panachées de jaune pâle.

Cette espèce est répandue dans l'Amérique du Nord.

— L'if de Boursier (*T. Boursieri*) est un arbre de 10 à 15 mètres, à tige élancée, droite, à rameaux grêles, verticillés, étalés, jaunâtres. Les feuilles, longues de 2 cent., sont planes, étroites, un peu arquées, très-étalées, distiques, d'un vert foncé en dessus, glauques en dessous.

Cette espèce croît en Californie ; elle est un peu délicate.

Torréya (*Torreya*).

Les Torréyas sont des arbres à feuilles éparses ou distiques, linéaires, assez larges. Les fleurs sont dioïques : les mâles en chatons solitaires, axillaires : les femelles, solitaires, géminées ou ternées, axillaires. Le fruit, dont la maturation est probablement bisannuelle, est une sorte de drupe, entouré à sa base d'un involucre écailleux et renfermant une graine à tégument externe osseux.

Ce genre comprend quatre espèces, qui croissent dans les régions tempérées de l'Amérique du Nord et de l'Asie orientale.

— Le torréya nucifère (*T. nucifera*) est un arbre de 10 mètres, à rameaux nombreux, étalés, portant des feuilles longues de 3 cent., linéaires, droites ou un peu recourbées, épaisses, coriaces, planes, roides, distiques, presque opposées, luisantes et d'un vert foncé en dessus, plus pâles en dessous, marquées de deux bandes d'abord glauques, plus tard roussâtres. Le fruit, long de 1 cent. et demi, est ovoïde-oblong, charnu, lisse, luisant, d'un vert herbacé.

Cette espèce croît dans les montagnes du Japon; on la cultive dans ce pays pour ses graines ou noix, qui sont alimentaires et oléagineuses. Elle est très-rustique et vient bien dans nos cultures; mais nous ne possédons que des pieds femelles, obtenus par le bouturage des branches latérales.

— Le torréya à feuilles d'if (*T. taxifolia*), vulgairement *cèdre puant*, est un arbre de 12 à 15 mètres, à écorce brunâtre, à rameaux nombreux, étalés, portant des feuilles alternes ou distiques, longues de 2 à 4 cent., épaisses, roides, coriaces, très-aiguës, d'un vert gai en dessus, plus pâles en dessous, marquées de deux lignes glauques. Le fruit est ovoïde et long de 2 à 3 cent.

Cette espèce croît dans la Floride; elle est très-rustique et devient très-belle; mais ses feuilles exhalent, si on les froisse, une odeur désagréable.

— Le torréya muscadier (*T. myristica*) est un arbre de 10 à 15 mètres, à écorce d'un gris brunâtre, cendré ou jaunâtre. Ses rameaux, étalés, portent des feuilles distiques, longues de 5 cent., coriaces, un peu arquées, d'un vert gai. Ses fruits, longs de 3 à 4 cent., sont ovoïdes, lisses, d'un vert jaunâtre.

Cette espèce croît dans les montagnes de la Californie; elle est rustique, pousse avec vigueur et devient fort jolie dans nos cultures. Mais son bois répand une odeur forte et assez désagréable.

— Le torréya élevé (*T. grandis*) est un grand arbre à tige droite, élancée, couverte d'une écorce gris brunâtre. Ses rameaux, étalés, jaunâtres, portent des feuilles longues de 2 à 3 cent., opposées, distiques, épaisses, très-aiguës, souvent un peu arquées, marquées d'une ligne rosée en dessous. Les fruits, longs de 2 cent., sont ovoïdes, lisses, jaunâtres à la maturité.

Cette espèce croît dans le nord de la Chine. Plus délicate que les précédentes, elle est sensible au froid et redoute aussi le soleil, qui fait jaunir son feuillage. Aussi, à Paris et dans une grande partie de la France, faut-il la planter dans une situation abritée et ombragée. Elle végète bien plus vigoureusement dans les localités maritimes, notamment à Cherbourg, où elle supporte à merveille le grand air et les grands vents.

Céphalotaxe (*Cephalotaxus*).

Les Céphalotaxes sont des arbres à feuilles linéaires, généralement distiques. Les fleurs sont disposées en chatons dioïques, axillaires : les mâles, groupés en capitules sphériques, les femelles, souvent agrégés. Le fruit, dont la maturation est annuelle, est charnu et drupacé ; il renferme une seule graine, à tégument externe osseux et lisse.

Ce genre comprend trois espèces, qui habitent la Chine et le Japon.

— Le céphalotaxe pédonculé (*C. pedunculata*), appelé *inukaja* au Japon, est un arbre de 8 mètres, à écorce brunâtre. Ses rameaux, nombreux, portent des feuilles longues de 4 cent., épaisses, mucronées, arquées, distiques, rarement alternes, d'un vert foncé en dessus, luisantes et marquées de deux lignes glauques en dessous. Les chatons mâles sont presque globuleux. La (fig. 44) représente un jeune sujet.

Il y a une variété à rameaux fastigiés et très-feuillus.

Cette espèce habite la Corée et le Japon ; elle est très-rustique.

— Le céphalotaxe de Fortune (*C. Fortunei*) est un arbre de 10 mètres, à écorce grise. Ses rameaux, peu nombreux, d'un vert clair ou jaunâtre, portent des feuilles distiques, arquées, coriaces, épaissies au milieu, très-aiguës, d'un vert foncé en dessus, glauques en dessous, et dont la longueur varie de 3 à 12 cent. Le fruit est charnu, drupacé, ovoïde, long de 3 cent., d'un roux brunâtre, et renferme une graine presque aussi longue et de même couleur.

Fig. 44. — Céphalotaxe pédonculé.

Il existe une variété plus robuste et à feuilles plus larges. Cette espèce croît en Chine et au Japon. Bien que rustique, elle craint beaucoup le grand soleil. Elle fructifie dans l'ouest de la France.

— Le céphalotaxe drupacé (*C. drupacea*) est un petit

arbre ou un arbrisseau à rameaux nombreux, portant des feuilles longues de 3 cent., aiguës, d'un vert foncé en dessus, glauques en dessous. Le fruit est charnu, drupacé, ovoïde, long de 2 à 3 cent., d'un roux brunâtre.

Cette espèce croît en Chine et au Japon ; elle est très-rustique.

Ginkgo (*Ginkgo*).

Les Ginkgos sont des arbres à feuilles pétiolées, en éventail, fasciculées sur le vieux bois, éparses sur les jeunes rameaux, tombant tous les ans. Les fleurs sont dioïques : les mâles, en chatons, les femelles, solitaires, terminales. Le fruit, dont la maturation est annuelle, est charnu, drupacé, ovoïde.

— Le ginkgo bilobé (*G. biloba*), vulgairement *arbre aux quarante écus*, l'unique espèce du genre, est un arbre de 30 mètres, à tige droite, à rameaux épars, formant une cime pyramidale élancée. Les feuilles sont grandes (fig. 45), coriaces, épaisses, flabelliformes, bilobées, d'un vert pâle. Le fruit, ovoïde ou arrondi, jaunâtre, du volume d'une prune, renferme, sous un test osseux, une amande grosse, farineuse, comestible.

Il existe des variétés à rameaux pendants, à feuilles plus grandes, laciniées ou panachées de jaune, etc.

Cette espèce croît en Chine et au Japon ; elle est très-rustique.

Phylloclade (*Phyllocladus*).

Les Phylloclades sont des arbres à branches verticillées ; les jeunes rameaux sont dilatés en forme de phyllodes rhomboïdes ou en éventail, portant des feuilles squamiformes, très-petites. Les fleurs sont disposées en chatons monoïques, terminaux, sur des rameaux différents : les mâles cylin-

Fig. 45. — Ginkgo bilobé.

driques, ramassés; les femelles, pauciflores, réunis en

grappes. Le fruit, dont la maturation est probablement annuelle, présente un disque cupuliforme, charnu, entourant la base d'une graine dressée, à test osseux.

Ce genre comprend trois ou quatre espèces, qui habitent la Tasmanie et la Nouvelle-Zélande. Elles sont très-délicates dans nos cultures, et aucune d'elles ne supporte le climat de Paris.

— Le phylloclade glauque (*P. glauca*) est un petit arbre (fig. 46), à tige très-robuste, couverte d'un écorce unie, d'un vert jaunâtre. Ses phyllodes sont alternes, cunéiformes ou en éventail, épais, coriaces, dentés et ondulés, d'un vert roussâtre en dessus, vert gai ou luisant en dessous, jaunes dans la partie inférieure. La graine est petite, ovoïde-comprimée, luisante, à test mince, portée sur un petit disque charnu.

Cette espèce habite la Tasmanie ; elle reste petite dans nos cultures.

— Le phylloclade doradille (*P. trichomanoides*) est un arbre de 25 mètres, à écorce gris brunâtre, à branches étalées et verticillées. Les phyllodes sont courts, un peu aplatis en dessus, cannelés à la base, cunéiformes, à lobes dentés, d'un vert roux, passant au brun rougeâtre.

Cette espèce habite la Nouvelle-Zélande ; elle paraît jusqu'à présent végéter assez bien en plein air sous le climat de Cherbourg.

— Le phylloclade rhomboïdal (*P. rhomboidalis*) est un arbre de 18 mètres, à phyllodes rhomboïdaux, lobés, verts sur leurs deux faces, à nervures très-apparentes. La graine est très-petite, ovoïde, à demi recouverte d'une sorte de cupule charnue. Cette espèce habite la Tasmanie.

. Podocarpe (*Podocarpus*).

Les Podocarpes sont des arbres ou des arbrisseaux, à feuilles lancéolées-linéaires, éparses, plus rarement ovales-

Fig. 46. — Phylloclade glauque.

aiguës, opposées, ou squamiformes, imbriquées, pourvues ou

non de nervure médiane. Les fleurs sont dioïques, plus ra-
rément monoïques sur des rameaux différents : les mâles,
groupées en chatons axillaires ou terminaux; les femelles,
disposées en épis. Le fruit est drupacé, charnu, ovoïde ou globuleux, et renferme une graine à test le plus souvent osseux.

Ce genre comprend environ cinquante espèces, qui pour
la plupart habitent les régions chaudes du globe, et surtout
l'hémisphère austral. Aucune ne supporte les hivers du
climat de Paris; mais plusieurs peuvent croître en plein air
dans certaines parties de la France.

— Le podocarpe du Chili (*P. Chilina*) est un arbre de
15 mètres, à rameaux nombreux, épars, portant des feuilles
alternes, longues de 10 cent., lancéolées, linéaires, luisantes,
d'un vert gai en dessus, glauques en dessous. Les fruits, du
volume d'un pois, sont ovoïdes-obtus, lisses, luisants, d'un
vert gai, solitaires ou géminés sur un réceptacle charnu,
violet foncé ou noirâtre.

Cette espèce est abondamment répandue dans les montagnes du Chili; elle est assez rustique et végète bien à
Angers.

— Le podocarpe de montagne (*P. nubigena*) est un
arbre ou un arbrisseau, à feuilles longues de 3 cent.,
linéaires, assez larges, planes, épaisses, aiguës, vertes en dessus, marquées de deux larges bandes glauques en dessous.
Le fruit est ovoïde-oblong, un peu courbé vert le sommet.

Cette espèce croît dans les régions froides des Andes du
Chili et de la Patagonie. Moins délicate que la plupart de
ses congénères, elle végète beaucoup mieux quand elle est
greffée sur la suivante.

— Le podocarpe Totara (*P. Totara*) est un arbre de
30 mètres, à écorce d'un gris brunâtre, à rameaux nombreux, étalés, le plus souvent verticillés, portant des feuilles
alternes, longues de 2 à 3 cent., linéaires, aiguës, droites,
roides, coriaces, d'un vert roussâtre, ferrugineux ou cuivré.

Les fruits sont ovoïdes, solitaires, plus rarement géminés.

Il existe une variété naine, buissonnante et très-rameuse.

Cette espèce habite les montagnes de la Tasmanie et de la Nouvelle-Zélande. Elle est assez rustique et végète très-bien à Hyères.

— Le podocarpe de Chine (*P. Sinensis*), vulgairement *maki*, est un petit arbre, à rameaux nombreux, courts, épars, opposés ou presque verticillés, portant des feuilles alternes, longues de 6 cent., linéaires, lancéolées, assez larges, épaisses, vertes en dessus, glauques en dessous dans le jeune âge. Le fruit est ovoïde-oblong, arrondi au sommet, lisse, d'un vert glauque, enfoncé dans un réceptacle charnu, d'un violet foncé à la maturité.

Il existe des variétés naines et buissonnantes, à rameaux courts, à feuilles canaliculées, panachées de blanc ou de jaune, etc.

Cette espèce croît en Chine et au Japon; elle est assez rustique.

— Le podocarpe allongé (*P. elongata*) est un arbre de moyenne grandeur, à écorce brun cendré, à rameaux verticillés, courts, glauques dans le jeune âge, portant des feuilles alternes, longues de 3 cent., planes, droites, assez épaisses, roides, d'un vert sombre, un peu glauque ou bleuâtre. Le fruit, du volume d'une groseille à maquereau, ovoïde ou globuleux, est inséré sur un réceptacle épais, presque charnu, échancré au sommet.

Cette espèce croît dans les montagnes, en Abyssinie et au cap de Bonne-Espérance; elle végète assez bien à Nice.

— Le podocarpe à épis (*P. spicata*) est un arbre de 60 mètres, à rameaux nombreux, étalés, flexueux, roussâtres, portant des feuilles longues de 2 à 3 cent., linéaires, aiguës, courbées, distantes, d'un vert foncé. Les fruits sont ovoïdes, mucronés, presque sessiles et réunis en épis.

Cette espèce habite le nord de la Nouvelle-Zélande; elle

est assez rustique et pourrait être essayée en plein air dans quelques parties de la France.

— Le podocarpe Nagéia (*P. Nageia*), type du nouveau genre *Nageia*, est un arbre de moyenne grandeur, à écorce brune, à rameaux opposés, d'un beau vert, presque pendants, portant des feuilles longues de 8 cent., larges de 3, ovales, lisses, d'un vert sombre et comme bleuâtre. Le fruit, long de 1 cent., charnu, drupacé, d'un noir pourpré, est recouvert d'une poussière glauque.

Il y a une variété à feuilles panachées de jaune pâle ou blanchâtre.

Cette espèce croît au Japon; elle est assez rustique.

— Le podocarpe à larges feuilles (*P. latifolia*) est un arbre de 10 mètres, à rameaux cylindriques, grêles, d'un vert glauque, étalés, défléchis, portant des feuilles longues de 15 cent., larges de 3, ovales, luisantes, d'un vert foncé en dessus, plus pâles en dessous, glauques dans le jeune âge. Le fruit, ovoïde ou arrondi, est porté sur un réceptacle vert, oblong-cylindrique.

Cette espèce, qu'on range aussi parmi les *Nageia*, est originaire du Bengale; elle végète bien sous le climat d'Hyères.

Prumnopitys (*Prumnopitys*).

Les Prumnopitys sont des arbres à rameaux épars, portant des feuilles presque distiques, persistantes. Les fruits, dont la maturité paraît être annuelle, sont ovoïdes, drupacés, et renferment des graines comestibles.

Voilà tout ce que l'on sait sur les caractères de ce genre, dont la place dans la classification naturelle n'est même pas bien fixée.

— Le prumnopitys élégant (*P. elegans*), vulgairement *lleuque*, la seule espèce connue jusqu'à ce jour, est un arbre de 15 à 20 mètres, dont le port rappelle assez celui de certaines variétés d'if. Ses rameaux nombreux, un peu dressés, à écorce brunâtre, portent des feuilles longues de 2 cent., linéaires, planes, luisantes et d'un vert foncé en dessus, marquées de deux lignes glauques en dessous. Les fruits, longs de 1 cent. et demi, sont d'un jaune verdâtre.

Cette espèce croît dans les montagnes du Chili; elle paraît assez rustique, et végète bien en plein air à Cherbourg.

Saxe-Gothéa (*Saxe-Gothœa*).

Les Saxe-Gothéa sont des arbres à rameaux étalés, portant des feuilles alternes, linéaires, lancéolées, étalées. Les fleurs sont monoïques, sur des rameaux différents : les mâles, en chatons plus ou moins longs, réfléchis au sommet; les femelles, en petits chatons globuleux, pédonculés, formés d'écailles imbriquées. Le fruit, dont la maturation est probablement annuelle, est charnu, composé d'écailles mucronées, et renferme des graines anguleuses.

— Le Saxe-Gothéa remarquable (*S.-G. conspicua*) est un arbre de moyenne grandeur, à rameaux brunâtres, lisses, luisants, le plus souvent étalés, portant des feuilles longues de 2 cent., linéaires, lancéolées, planes, roides, coriaces, marquées de deux lignes glauques en dessous. Le fruit, ovoïde, luisant, d'un brun pâle, a sa base entourée d'une courte membrane.

Cette espèce croît dans les Andes de la Patagonie; elle est assez rustique, et végète bien en plein air à Bourg-Argental.

Microcachrys (*Microcachrys*).

Les Microcachrys sont des arbustes à rameaux tétragones, portant des feuilles squamiformes, étroitement imbriquées, persistantes. Les fleurs sont disposées en chatons dioïques, solitaires, sessiles, terminaux : les mâles, ovoïdes, les femelles, globuleux ou arrondis. Le fruit est une sorte de strobile ovoïde, comprimé, entouré à la base par une cupule charnue.

— Le microcachrys tétragone (*M. tetragona*), l'unique

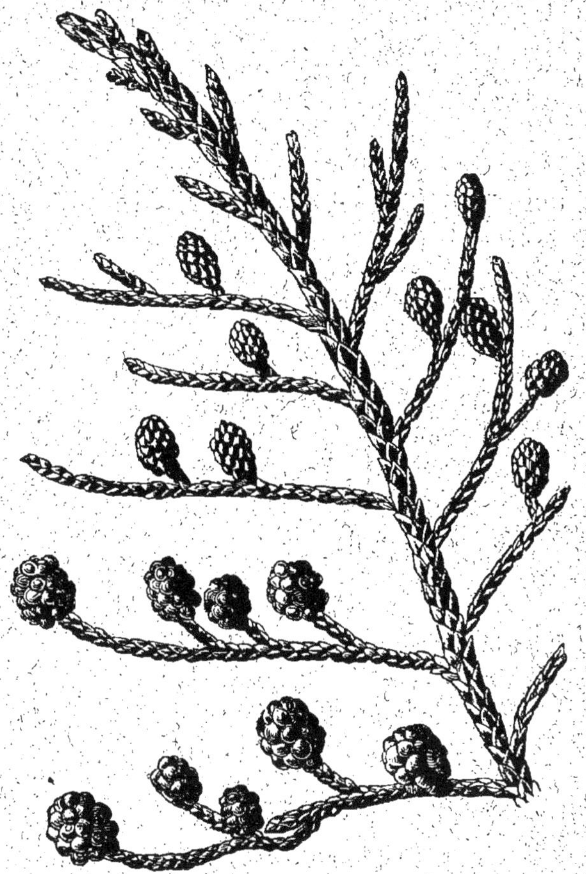

Fig. 47. — Microcachrys tétragone.

espèce du genre, est un arbuste buissonnant, diffus, presque rampant, à rameaux tétragones, portant des feuilles squami- formes, ovales, rhomboïdes, obtuses, étroitement imbriquées sur quatre rangs (fig. 47). Les chatons femelles sont ovoïdes ou globuleux, d'un rouge vif, à écailles épaisses et charnues.

Cette espèce, originaire des montagnes de la Tasmanie, est encore très-imparfaitement connue; il y a néanmoins tout lieu de croire qu'elle pourra vivre en plein air dans nos provinces méridionales.

Dacrydie (*Dacrydium*).

Les Dacrydies sont des arbres ou des arbrisseaux à feuilles petites, subulées, rapprochées, ou squamiformes, courtes, étroitement imbriquées. Les fleurs sont dioïques : les mâles, en chatons terminaux, ovoïdes, munis de bractées, les femelles, solitaires, plus rarement groupées en petits chatons, au sommet des rameaux. Le fruit, dont la maturation est bisannuelle, consiste en une graine à test osseux, entourée par un disque cupuliforme, charnu.

Ce genre comprend un petit nombre d'espèces qui habitent l'Océanie; quelques-unes peuvent croître en plein air dans le midi et l'ouest de la France.

— Le dacrydie élevé (*D. elatum*) est un grand arbre, à écorce gris cendré, à rameaux nombreux, épars, grêles, étalés, défléchis ou pendants, portant des feuilles étalées, aciculaires, longues de 1 cent., lisses, d'un vert clair, sur les jeunes individus; très-petites, squamiformes, étroitement imbriquées sur les sujets adultes. Le fruit est ovoïde-tétragone.

Cette espèce habite Sumatra et la Nouvelle-Calédonie.

— Le dacrydie cyprès (*D. cupressinum*), vulgairement *rimu*, est un arbre de 50 mètres, à écorce rousse ou brunâtre, puis gris cendré; ses rameaux, nombreux, épars, grêles, irréguliers, longuement pendants, portent des feuilles alternes, courtes, épaisses, roides, aiguës, très-rapprochées, d'un vert grisâtre ou cuivré.

Cette espèce forme de vastes forêts dans la Nouvelle-Zélande; elle supporte les hivers de nos provinces de l'ouest et du midi.

— Le dacrydie de Franklin (*D. Franklinii*) est un arbre de 35 mètres, à rameaux nombreux, grêles, flexibles, formant une cime élancée ou presque arrondie; les feuilles sont petites, squamiformes, très-rapprochées, presque opposées, fortement appliquées, carénées-aiguës. Les chatons mâles sont d'un roux fauve ou jaunâtre. Les fruits sont petits, groupés en épis terminaux.

Cette espèce, qui croît dans la Tasmanie, est assez rustique. Elle végète bien et fleurit abondamment sous le climat d'Angers.

IV. GNÉTACÉES.

Les Gnétacées sont quelquefois des arbres, plus souvent des arbrisseaux sarmenteux ou buissonnants, à rameaux articulés. Les feuilles sont tantôt larges et ovales, tantôt étroites et linéaires, tantôt enfin squamiformes ou presque nulles. Les fleurs sont disposées en chatons monoïques ou dioïques. Les mâles sont accompagnées de gaînes ou de paillettes sétacées; elles présentent de une à six étamines, libres ou soudées en colonne, à anthères à plusieurs loges, s'ouvrant au sommet par un trou oblong. Les fleurs femelles, souvent recouvertes par des écailles imbriquées, présentent un ovule dressé, sessile, à tégument double ou triple, l'extérieur étroitement ouvert au sommet, l'intérieur prolongé en un long tube saillant, qui disparaît à la maturité. Les fruits sont tantôt charnus, solitaires ou géminés, nus ou entourés d'un involucre, tantôt secs et renfermés sous des écailles dont la réunion forme une sorte de cône. La graine renferme un petit embryon, entouré d'un albumen charnu.

Uvette (*Ephedra*).

Les Uvettes sont des arbrisseaux ou des arbustes nains et buissonnants ou sarmenteux, à rameaux grêles, articulés, munis de gaînes aux nœuds, à feuilles peu nombreuses ou nulles. Les fleurs sont disposées en chatons dioïques, plus rarement monoïques sur des rameaux différents, presque globuleux, latéraux, sessiles ou pédonculés, naissant de l'aisselle des gaînes. Les fruits sont réduits à des graines en forme de nucule, solitaires ou géminées, à tégument extérieur dur, à albumen charnu.

Ce genre comprend environ vingt-cinq espèces, disséminées dans presque toutes les régions du globe. Quelques-unes peuvent être cultivées en plein air sous nos climats; mais elles se recommandent peu au point de vue de l'ornementation, et on les recherche moins pour leur beauté que pour la singularité de leur port. Elles ne se trouvent guère hors des jardins botaniques; on peut néanmoins en tirer parti pour orner les rocailles.

— L'uvette commune ou à deux épis (*E. vulgaris, E. distachya*), vulgairement *raisin de mer*, est un arbrisseau, souvent buissonnant ou gazonnant, à rameaux nombreux, très-petits, pendants, ordinairement fasciculés, à gaînes d'un blanc roussâtre. Les fleurs sont disposées en chatons géminés sur des rameaux grêles et courts. Le fruit est arrondi, écarlate, du volume d'un gros pois, et renferme une graine ovoïde ou obtuse, plan-convexe, d'un brun noirâtre.

Il existe des variétés à chatons solitaires ou ternés.

Cette espèce est répandue dans toute la région méditerranéenne, la Tauride, le Caucase, la Sibérie, etc. Elle végète bien sous le climat de Paris. Son fruit, appelé *raisin de mer*, est rafraîchissant et d'un goût agréable.

— L'uvette de Villars (*E. Villarsii*) est un arbrisseau buissonnant, à rameaux nombreux, filiformes, roides, dressés, rapprochés, verts, opposés ou fasciculés ; les chatons mâles sont sessiles, groupés en deux amas opposés.

Cette espèce a été observée à Sisteron (Basses-Alpes).

— L'uvette suisse (*E. Helvetica*) est un arbrisseau à rameaux dressés, dont les nœuds portent des chatons pédonculés ; les femelles sont arrondis, dressés, à trois gaînes échancrées et bifides, à graine presque ovoïde.

Cette espèce croît aux environs de Sion, dans le Valais.

— L'uvette fragile (*E. fragilis*) est un arbrisseau traînant, à rameaux dressés, dont les nœuds portent des chatons mâles, sessiles ; les femelles sont presque sessiles et dressés, à gaînes divisées en deux lobes courts.

Cette espèce habite l'Europe occidentale et méridionale.

— L'uvette élevée (*E. altissima*) est un arbrisseau, dont la tige flexueuse peut atteindre la hauteur de 12 mètres. Elle se divise en rameaux sarmenteux, longs, articulés, minces, filiformes, pendants, fragiles aux nœuds. Les feuilles, linéaires, pointues, atteignant jusqu'à 2 cent. de longueur sur les jeunes sujets, sont réduites à des écailles sur les plantes adultes. Les fleurs sont en chatons jaunâtres. Le fruit est ovoïde, rouge, formé d'écailles charnues et succulentes.

Cette espèce croît dans les lieux montagneux du bassin méditerranéen ; elle est assez répandue dans le midi de la France. Ses fruits, qui mûrissent au printemps, ont une saveur sucrée assez agréable.

— L'uvette moyenne (*E. intermedia*) est un arbuste ou plutôt un sous-arbrisseau, à rameaux tuberculeux, dressés, dont les nœuds portent des chatons mâles pédonculés. Les chatons femelles sont presque dressés, à trois gaînes un peu échancrées, la plus intérieure profondément bifide.

Cette espèce croît sur les collines de la Songarie.

— L'uvette ailée (*E. alata*) est un arbuste de 1 mètre, à écorce grise, à rameaux nombreux, opposés, articulés, presque noueux, cylindriques, lisses, portant des gaînes membraneuses, blanchâtres, à deux ou quatre dents aiguës. Les fleurs mâles sont en chatons ovoïdes-globuleux, opposés ; les femelles en chatons ovoïdes, sessiles, biflores, munis d'un involucre largement membraneux.

Cette espèce croît dans la région de l'isthme de Suez.

CHAPITRE III.

CULTURE DES CONIFÈRES.

I. SOL.

La famille des Conifères renferme, comme nous l'avons dit, environ cinq cents espèces, disséminées dans toutes les régions du globe. Elles présentent, sous le rapport de la culture, des exigences très-diverses ; il est néanmoins certaines règles générales, dont nous devons nous occuper ici.

Nous ne reviendrons pas sur les considérations climatériques exposées dans le chapitre I, et complétées, dans le suivant, par des notions particulières s'appliquant à chaque genre ou à chaque espèce.

Le climat étant puissamment modifié par l'exposition, on devra porter son attention sur celle-ci. Il faudra, par exemple, planter de préférence à l'aspect du nord les espèces des régions froides, qui sans cela végéteraient de trop bonne heure et pourraient être surprises par les gelées tardives.

Quant au sol, il n'en est pas qui convienne, d'une manière générale, à toutes les Conifères. On peut dire néanmoins que toutes lorsqu'elles sont jeunes s'accommodent très-bien de la terre de bruyère. Mais, à mesure que les sujets grandissent, il faut leur donner un sol de plus en plus substantiel. Toutefois, pour les espèces que l'on tient en caisses ou en pots destinés à être rentrés durant l'hiver, il est indispensable que la terre de bruyère entre pour une certaine proportion dans les mélanges ou composts où elles doivent végéter.

Quant aux espèces destinées à vivre en pleine terre ou en plein air, où elles acquerront le plus souvent de grandes dimensions, il importe de leur donner un sol suffisamment substantiel, dont on aura soin d'entretenir et au besoin d'augmenter la fertilité par l'addition de quelques engrais.

Sans accorder à la composition chimique du sol une importance exagérée, il est néanmoins d'autant plus utile d'en tenir compte que si l'on peut la modifier, c'est seulement dans une certaine limite.

Toutes choses égales d'ailleurs, les sols siliceux sont ceux qui paraissent le mieux convenir au plus grand nombre de Conifères ; certaines espèces, comme le pin maritime, viennent très-bien même dans les sables purs ; toutes se trouvent bien d'ailleurs de la présence d'une certaine proportion de silice dans le sol.

Viennent ensuite les terres calcaires, où de nombreuses essences trouvent encore de très-bonnes conditions de végétation ; il en est qui peuvent croître jusque dans les sols crayeux les plus arides ; tels sont le genévrier commun, et surtout le pin noir d'Autriche, que pour ce motif on a abondamment propagé dans les craies de la Champagne. Quand les terres calcaires sont mélangées de silice, elles deviennent excellentes pour la plupart des espèces.

Les terres argileuses sont les plus mauvaises, et pour peu qu'elles soient compactes, ou que l'argile y prédomine, ou qu'elles reposent sur un sous-sol imperméable, elles deviennent complétement impropres à la culture des Conifères, car il faudrait d'énormes dépenses pour les améliorer.

Dans les cultures d'agrément, une bonne terre franche,

où la silice et le calcaire prédominent, et suffisamment riche
en humus, sera celle que l'on devra adopter de préférence,
sauf les cas indiqués dans le chapitre II.

Il importe surtout que le sol soit bien divisé, qu'il soit
débarrassé des pierres, des grosses racines, des mauvaises
herbes, en un mot que les radicelles des conifères puissent
s'y développer librement.

Bien que ces arbres croissent surtout dans les terrains
secs, ce n'est pas à dire pour cela que la sécheresse leur soit
indispensable. Sans doute dans ces conditions leur bois
acquiert plus de qualité, point capital pour la culture forestière; mais dans les plantations d'ornement un sol frais ou
modérément humide ne peut que favoriser la croissance des
sujets.

Certaines essences ne se développent bien que dans les
sols très-humides; les ayant indiquées en passant, nous
nous contenterons de rappeler le cyprès chauve, qui acquiert de si belles dimensions même dans les terrains
inondés.

II. MULTIPLICATION.

Semis.

Le semis des Conifères se fait d'après les règles générales
auxquelles est soumis celui des autres essences; il y a néanmoins quelques observations, spéciales à ce groupe, dont
il est bon de tenir compte.

Les graines des arbres résineux sont exposées à rancir
très-vite et à perdre ainsi leur faculté germinative; cette
disposition s'augmente lorsqu'on a employé pour leur ex-
traction la chaleur artificielle. Il faut donc, ici surtout,
consacrer aux semis des graines aussi récentes que possible; il sera bon aussi de ne les extraire des cônes qu'au
moment qui précède le semis. Quelquefois même, dans la

culture forestière, on se trouve bien de répandre les cônes eux-mêmes sur le sol, sauf à en faire tomber les semences, lorsque la chaleur naturelle a fait entr'ouvrir leurs écailles; il suffit en général pour cela d'y faire passer la herse ou le rateau.

Les semis en grand se font à la volée ou en lignes, en plein, par bandes alternes ou par poquets, sur un sol convenablement préparé. On recouvre légèrement le semis à l'aide de la herse ou du rateau; souvent même, si les graines sont très-fines, on se contente de les répandre sur le sol bien ameubli, en laissant aux pluies et aux vents le soin de les recouvrir. Nous ne devons pas insister sur ce sujet, qui est du domaine de la sylviculture.

Dans les cultures d'agrément, on opère sur une échelle bien plus restreinte, et le plus souvent sur des graines exotiques, rares ou d'un prix élevé. On ne saurait donc prendre ici trop de soins pour assurer la réussite.

Les graines sont souvent revêtues d'un test très-dur; il suffira de citer pour exemple le pin pignon. Il pourrait donc arriver, pour peu que la germination fût lente, que l'amande fût exposée à rancir avant que l'embryon eût pu percer une enveloppe trop résistante. On obvie à cet inconvénient par des procédés aussi simples qu'efficaces et faciles à appliquer.

On commence par faire tremper les graines, pendant quelques heures, dans de l'eau légèrement tiédie; on obtient ainsi un double résultat, le gonflement de l'amande et le ramollissement du test. Puis, avec un petit marteau, ou mieux un casse-noisette ou tout autre instrument analogue, on opère, sur le bout le plus pointu de la graine, un léger choc ou une pression modérée, de manière à casser ou mieux à fendre longitudinalement cette partie du test, en ayant soin de ne pas endommager l'amande.

Les graines très-petites, comme celles du pin sylvestre,

n'ont pas besoin de cette préparation; on les répand simplement à la main, soit sur planches, soit en pots ou en terrines bien drainées; on les recouvre d'une mince couche de terre bien divisée. Si l'on veut hâter la germination, et surtout si l'on opère sur des espèces délicates, on place les pots ou les terrines, soit sous un châssis froid ou une bâche, soit sur une couche chaude, soit enfin sur les tablettes d'une serre où l'évaporation ne soit pas trop rapide.

Pour les graines volumineuses, après leur avoir fait subir la préparation dont nous venons de parler, ce qu'il y a de mieux à faire, c'est de les semer une à une, à des distances proportionnées à leur grosseur. On aura soin, dans ce cas, de les enfoncer dans le sol par la pointe ou par le bout le plus aigu, de telle sorte que le quart supérieur de la graine, correspondant au bout le plus gros et le plus obtus, reste hors du sol.

Cette précaution peut paraître un peu minutieuse; mais, avec un peu d'habitude, on parvient à opérer très-vite. D'ailleurs, ce léger surcroît de travail est largement compensé par les résultats. D'abord, on emploie une moindre quantité de graines, ce qui peut être parfois une économie notable. Celles qu'on a semées, se trouvant dans les conditions les plus favorables à la germination, se développent en plus grande proportion; il y a bien moins de perte ou de déchet. Les jeunes plants viennent mieux, et sont moins exposés à avorter, à *fondre*, comme disent les semeurs.

On ne saurait donc trop recommander ce procédé, surtout quand il s'agit d'essences précieuses et qu'on opère sur de petites quantités.

Aussitôt après le semis, on donne un arrosement modéré. On réitère cette opération toutes les fois que le besoin s'en fait sentir, mais toujours en donnant peu d'eau à la fois. Pour assurer le succès, il est bon de recouvrir le semis de mousses, de fougères ou d'un léger paillis, suivant les cas.

L'époque la plus favorable pour les semis est indiquée par la nature. Nous avons dit que les graines des Conifères perdaient assez promptement leur faculté germinative. On devrait donc, en général, semer le plus tôt possible après la maturité et la récolte des graines, c'est-à-dire à l'automne, surtout dans les climats chauds et les terrains secs. Toutefois, comme il est facile, à l'aide de quelques soins, de conserver ces graines durant l'hiver, on préfère généralement renvoyer les semis au commencement du printemps; mais il ne faut pas les retarder jusqu'à la fin de cette saison ou à l'époque des sécheresses.

Dès que les jeunes plants sont assez développés, c'est-à-dire dans le courant de la première année, le plus souvent de la seconde, très-rarement de la troisième, on procède au repiquage. Parfois même il est bon de faire cette opération bien plus tôt, c'est-à-dire lorsque la tigelle commence à se montrer au-dessus des cotylédons; c'est ce qui arrive pour les jeunes sujets qui végètent faiblement ou pour ceux qui doivent rester quelque temps en pots. Il est d'usage, quand on repique, de pincer l'extrémité du pivot, pour favoriser la production des racines latérales, et par suite la reprise. C'est aussi pour cela qu'on réitère les repiquages de temps en temps.

La saison dans laquelle on doit faire cette opération ne saurait être fixée d'une manière générale. Toutefois, comme le dit M. Carrière, il y a toujours un grand avantage à la pratiquer quand les plants sont en végétation, c'est-à-dire en juin ou juillet; souvent on repique en avril ou mai; dans les pays chauds ou secs, il vaut mieux opérer à l'automne ou à la fin de l'été.

Bouturage.

Le bouturage, fréquemment employé pour certaines espèces de Conifères, devient indispensable pour celles dont il est impossible de se procurer de bonnes graines. Il s'opère le plus souvent au moyen de rameaux détachés de l'arbre et replantés suivant la méthode et avec les soins ordinaires. Dans certains genres, tels que les pins, les épicéas, les genévriers, qui ont les ramifications de divers ordres éparses ou verticillées, on peut jusqu'à un certain point prendre indifféremment tel ou tel rameau.

Mais il n'en est plus de même pour les essences à ramifications secondaires opposées ou distiques, appartenant aux genres sapin, tsuga, araucaria, céphalotaxe, torréya, etc. Pour celles-ci, les boutures faites avec un rameau latéral produiront des sujets qui ne donneront aussi que des branches opposées ou distiques, comme le ferait un arbre taillé en espalier ou en éventail, et jamais cette belle cime régulière et touffue qui distingue les Conifères.

On peut, dans certains cas, obtenir un bon résultat avec un rameau latéral, en suivant le procédé indiqué par M. Neumann. Il consiste à planter ce rameau, non plus verticalement, mais très-obliquement. Il se forme alors à la base un bourrelet mamelonné, au-dessus duquel se développe plus tard un axe vertical, ayant tous les caractères des pousses terminales; quand celui-ci est assez fort, on supprime le rameau qui a servi de bouture. On peut propager ainsi le bélis de la Chine, le ginkgo, certains araucarias, etc.

Mais le plus souvent on préfère emprunter à un sujet issu de graine, et qui prend le nom de *pied-mère*, sa flèche ou bourgeon terminal, qu'on bouture comme à l'ordinaire et qui produit un individu de forme normale. Le pied-mère, ainsi mutilé, reproduit plusieurs bourgeons terminaux, les uns près de la troncature, les autres sur divers points de la tige. On peut donc lui reformer une tête, comme nous le verrons plus loin, ou mieux utiliser ces pousses adventives pour en faire de nouvelles boutures.

« Il y a, dit M. Carrière, deux époques reconnues par la pratique comme étant les plus avantageuses pour faire les boutures : l'une, avant que les arbres entrent en végétation; l'autre, qui est préférable, lorsque cette dernière est presque arrêtée et que les pousses de l'année sont suffisamment aoûtées, par conséquent à partir du mois d'août jusqu'aux gelées. Si cependant les plantes-mères sont placées dans une serre, ce qui est toujours plus avantageux, on pourra sans interruption faire des boutures depuis le mois de septembre jusqu'en février et mars. »

Nous ne croyons pas devoir décrire longuement ici le mode opératoire. Les boutures des Conifères se font en général comme celles de tous les autres végétaux. Certaines espèces ou certains genres exigent une attention particulière. Mais les détails que nous pourrions donner à ce sujet nous entraîneraient trop loin; ils s'adresseraient surtout aux pépiniéristes et intéresseraient moins les amateurs, qui ont rarement l'habitude de ce genre d'opérations.

Marcottage.

Le marcottage ou couchage n'est usité, pour la multiplication des Conifères, que dans certains cas exceptionnels. On y a recours surtout quand on veut propager et obtenir franches de pied diverses espèces qui donnent peu de graines ou qui reprennent difficilement de boutures, telles que le sapin noble, quelques podocarpes, etc. Moins expéditif que la greffe, et, dans la plupart des cas, que la bouture, le marcottage présente sur ces procédés l'avantage d'offrir des chances à peu près certaines de réussite.

L'opération en elle-même est très-simple et ne présente rien de particulier pour les arbres résineux. Il faut avoir une ou plusieurs mères, dont on incline les branches pour les mettre en contact avec le sol. On y pratique les incisions nécessaires pour faciliter la reprise. Quelquefois on fait des marcottes en l'air, comme pour les œillets. Les marcottes enracinées restent en pépinière jusqu'à ce que leur flèche soit bien développée.

Greffe.

Cette opération se pratique pour les Conifères comme pour les autres végétaux. La première condition à observer, c'est qu'il y ait la plus grande affinité possible entre le sujet et la greffe. Ainsi, l'opération offre les plus grandes chances de réussite, quand on rapproche deux variétés de la même espèce; elle réussit encore le plus souvent entre deux espèces du même genre; on peut aussi, dans bien des cas, marier avec succès deux espèces de genres différents, mais appartenant à la même tribu. Enfin, il n'y a pas, jusqu'à présent, d'exemple de réussite d'une greffe opérée entre deux genres de tribus différentes. C'est toujours la loi générale.

Dans les cultures d'agrément, on n'emploie guère, pour les Conifères, que les greffes en fente ou en placage; elles se font comme à l'ordinaire. On peut quelquefois prendre les greffes sur le vieux bois; mais il est préférable de choisir des pousses de l'année suffisamment aoûtées.

L'époque la plus convenable pour faire ces greffes est la fin de l'été ou le commencement de l'automne; mais dans certains cas il vaut mieux opérer vers la fin de l'hiver, avant le réveil de la végétation. Les sujets étant de petite taille, on les abrite sous des cloches, dans une serre à boutures; on donne de l'air progressivement, et on enlève les cloches quand la greffe a bien repris; mais on laisse encore les pieds en serre pendant quelques jours. Ces précautions sont utiles, mais non plus indispensables, pour les espèces à feuilles caduques (mélèzes, taxodier, ginkgo), qu'on peut greffer à l'air libre, au printemps.

Dans la culture forestière, où il faut opérer en grand, on

n'a jusqu'à présent employé que la greffe herbacée ou greffe Tschudy. On la pratique dans le courant de mai. On taille en biseau la partie inférieure de la greffe, et on l'introduit dans une fente pratiquée à la partie supérieure du sujet; on lie et on pare la greffe, et on l'abrite sous un cornet de papier, qu'on perce ou qu'on enlève dès que la soudure est opérée.

III. PLANTATION.

Si l'on s'en rapportait à l'usage généralement établi, toutes les plantations de Conifères se feraient au printemps, c'est-à-dire en avril et mai, quand les arbres sont déjà entrés en végétation. Mais si cette pratique est bonne dans les circonstances ordinaires, on ne saurait l'ériger en règle générale. Le climat, la nature du sol, l'état de l'atmosphère, la vigueur des sujets, doivent être pris en sérieuse considération.

Ainsi, dans l'ouest de la France, où le climat est doux, l'atmosphère humide et brumeuse, il y a tout avantage à opérer dans cette saison, bien qu'on puisse sans inconvénient commencer en mars. Mais, dans le midi, notamment dans le sud-est, là où le climat, l'atmosphère, les vents, le sol sont en général caractérisés par la chaleur et la sécheresse, la théorie et la pratique s'accordent pour faire adopter, comme époque de plantation, la fin de l'été et le commencement de l'automne.

Dans la plupart des cas, il y aurait un moyen de tout concilier; ce serait de déplanter les jeunes sujets à l'automne, de les mettre en jauge ou en rigoles, durant l'hiver, dans une terre sablonneuse pure ou mélangée de terreau, puis de les replanter au printemps.

La distance à laquelle on doit placer les pieds dépend du but qu'on se propose. Dans les plantations forestières ou de produit, les sujets devront être suffisamment serrés pour qu'ils puissent filer et s'ébrancher eux-mêmes; à mesure qu'ils grandiront et réclameront plus d'espace pour croître, on leur en donnera au moyen d'éclaircies périodiques.

Il n'en est plus de même dans les plantations d'agrément. Là les arbres doivent être assez espacés, pour que d'une part leurs racines trouvent dans le sol une nourriture suffisante, que de l'autre les branches aient assez d'espace pour se développer librement. Ces observations ne s'appliquent pas, bien entendu, aux arbres isolés ou plantés en petits groupes.

Dans notre volume relatif aux *Arbres d'ornement de pleine terre*, nous avons suffisamment développé toutes les questions qui se rapportent à la plantation des arbres d'ornement, de petite ou de grande taille. La plantation des arbres résineux se faisant d'après les mêmes règles, nous n'avons pas à répéter ici ce que nous avons dit à ce sujet; nous nous contenterons d'ajouter quelques observations plus spécialement applicables aux arbres qui nous occupent.

Dans la plantation des Conifères, on doit, s'il est possible, apporter encore plus de soins et de précautions que dans celle des autres végétaux ligneux; on s'attachera surtout à ménager les racines, en supprimant seulement celles qui seraient meurtries, desséchées ou gâtées. La plantation en mottes ou en paniers ne saurait être trop recommandée. En un mot, il importe d'autant plus de ne rien négliger pour la reprise qu'on n'a pas ici la ressource du recépage. Les Conifères en effet, comme nous l'avons dit, ne repoussent pas de souche; les rares exceptions signalées ne sauraient infirmer la règle. N'oublions pas de dire que l'étêtage des sujets doit être sévèrement proscrit.

Nous rappellerons aussi, pour mémoire, que, l'arbre une fois planté, il est bon d'assurer sa reprise, en arrosant dans les premiers temps et en étendant un léger paillis autour

de son pied; on lui donnera au besoin un tuteur pour le
maintenir contre les vents, une armure pour le protéger
contre les chocs et les accidents extérieurs, etc.

Au bout d'un certain temps ces précautions sont devenues
superflues. L'arbre a pris définitivement possession du sol.
Faut-il alors abandonner sa végétation à elle-même ? En
thèse générale, nous n'hésitons pas à répondre affirmative-
ment. La taille ou l'élagage, qui doivent être très-modérés
pour les autres arbres, ne sauraient s'appliquer aux Conifères que dans des cas tout à fait exceptionnels. Dans les
massifs forestiers, cet élagage se fait naturellement. Dans
les plantations de pins maritimes ou autres essences dont
on veut extraire la résine, il devient nécessaire d'enlever les
branches latérales afin de pouvoir pratiquer convenablement
les incisions.

Mais, pour les Conifères d'ornement, l'élagage doit se
borner à enlever les chicots et le bois mort, à rogner les
branches latérales qui tendraient à s'emporter, surtout aux
dépens de la pousse terminale, en un mot à conserver à
l'arbre une forme élégante et suffisamment régulière. Le
plus souvent il suffit pour cela de pincer les rameaux tandis
qu'ils sont encore à l'état herbacé. Si on les avait laissés
trop grossir, il faudrait les couper à 20 cent. environ de la
tige, et supprimer le chicot au bout d'un an ou deux.

Il arrive parfois que, par une cause naturelle ou accidentelle, un arbre résineux perd sa flèche ou pousse terminale.
Avec quelques soins et un peu d'adresse, il est toujours
possible de la reformer, si l'on s'y prend à temps. Dans les
pins, les épicéas vrais, les mélèzes, etc., il suffit de re-
dresser, sans la rompre, la branche latérale la plus rappro-
chée du sommet et de raccourcir ou d'incliner les branches
voisines. Au bout de quelques années, la nouvelle flèche
semble former le prolongement naturel de la tige.

Ce procédé est beaucoup plus difficile à appliquer aux

sapins, cèdres, araucarias, etc. Mais il en est un autre, dont la nature fait presque tous les frais; il suffit de l'aider un peu. Quand une flèche a été rompue, il se produit presque toujours, au voisinage de la section, un ou plusieurs bourgeons qui présentent les caractères du bourgeon terminal. Si donc on a soin, le plus tôt possible après l'accident, de raccourcir ou d'incliner les branches voisines, ces bourgeons adventifs se développent librement, et, quand ils sont suffisamment longs, on choisit le plus vigoureux pour former une nouvelle flèche.

Certains genres de Conifères, tels que les ifs, les thuias, les genévriers, supportent parfaitement l'élagage et la taille, ou plutôt la tonte périodique. On sait le parti qu'on a tiré, ou plutôt l'abus qu'on a fait, de cette propriété dans les jardins symétriques ou réguliers. Aujourd'hui on se contente d'utiliser ces essences pour faire des abris, des palissades, des haies ou des brise-vents, qui offrent l'avantage de rester verts en toute saison.

FIN.

TABLE DES MATIÈRES.

Chapitre Iᵉʳ. — Considérations générales.

Chapitre II. — Étude des espèces.

Chapitre III. — Culture des Conifères.

TABLE DES GRAVURES.

TABLE ALPHABÉTIQUE.

Les noms de tribus sont en lettres grasses ; les noms génériques latins, en *italiques* ; les noms français ou vulgaires, en romain.

CATALOGUE

DE LA

LIBRAIRIE AGRICOLE

DE

LA MAISON RUSTIQUE

RUE JACOB, 26, A PARIS

PAR ORDRE DE MATIÈRES ET NOMS D'AUTEURS

MAI 1872

CE CATALOGUE ANNULLE LES CATALOGUES PRÉCÉDENTS

Tous droits réservés.

DÉSIGNATION DU CATALOGUE

AVIS IMPORTANT

Toute commande de livres publiés à Paris, si elle est faite par un abonné du *Journal d'agriculture pratique*, de la *Revue horticole* ou de la *Gazette du village*, et accompagnée du prix de ces livres en un mandat sur Paris, ou, ce qui est plus sûr, en un bon de poste dont on garde la souche, qui sert de quittance, est expédiée sur tous les points de la *France*, de l'*Algérie*, de l'*Italie*, de la *Belgique* et de la *Suisse*, franco, au prix marqué dans les catalogues, c'est-à-dire au même prix qu'à Paris.

Les commandes de plus de 50 francs, faites dans les mêmes conditions, sont expédiées *franco* et sous déduction d'une *remise de dix pour cent*.

Quel que soit le chiffre de la commande, la remise est toujours de *dix pour cent* pour les abonnés, lorsque, au lieu d'expédier par la poste les ouvrages demandés, la *Librairie agricole* les livre au comptant à Paris.

Le catalogue de la *Librairie agricole* est expédié *franco* à toute personne qui en fait la demande *franco*.

On ne reçoit que les lettres affranchies.

MAISON RUSTIQUE DU XIXᵉ SIÈCLE

CINQ VOLUMES GRAND IN-8 A DEUX COLONNES

ÉQUIVALANT A 25 VOLUMES IN-8 ORDINAIRES, AVEC 2,500 GRAVURES

REPRÉSENTANT

LES INSTRUMENTS, MACHINES, ANIMAUX, ARBRES, PLANTES, SERRES
BATIMENTS RURAUX, ETC.

PUBLIÉS SOUS LA DIRECTION DE

MM. BAILLY, BIXIO ET MALPEYRE

TABLE DES PRINCIPAUX CHAPITRES DE L'OUVRAGE

TOME Iᵉʳ. — AGRICULTURE PROPREMENT DITE

Climat.	Labours.	Conservation des récoltes.	Plantes-racines.
Sol et sous-sol.	Ensemencements.		Plantes fourragères.
Amendements.	Arrosements.	Voies de communication.	Maladies des végétaux.
Engrais.	Irrigations.	Céréales.	Animaux et insectes nuisibles.
Défrichement.	Récoltes.	Légumineuses.	
Desséchement.	Clôtures.		

TOME II. — CULTURES INDUSTRIELLES, ANIMAUX DOMESTIQUES

Plantes oléagineuses.	Houblon.	Pharmacie vétérinaire.	Cheval, âne, mulet.
Plantes textiles.	Mûrier.	Maladies des animaux.	Races bovines.
— économiques.	Arbres : olivier.		Races ovines.
— potagères.	— noyer.	Anatomie.	Races porcines.
— médicinales.	— de bordures.	Physiologie.	Basse-cour.
— aromatiques.	— de vergers.	Elevage et engraissement.	Lapin, pigeon.
— tinctoriales.	Animaux domestiques.		Chiens.

TOME III. — ARTS AGRICOLES

Lait, beurre, fromage.	Laine.	Lin, chanvre.	Résines.
Incubation artificielle.	Vers à soie.	Fécule.	Meunerie.
	Abeilles.	Huiles.	Boulangerie.
Conservation des viandes.	Vins, eaux-de-vie.	Charbon, tourbe.	Sels.
	Cidres, vinaigres.	Potasse, soude.	Chaux, cendres.
	Sucre de betterave.		

TOME IV. — FORÊTS, ÉTANGS; ADMINISTRATION; CONSTRUCTION

Pépinières.	Empoissonnement.	Administration.	Constructions.
Arbres forestiers.	Législation rurale.	Choix d'un domaine.	Attelages.
Culture des forêts.	Droits de propriété.	Estimation.	Mobilier.
Exploitation.	Bail, Cheptel.	Acquisition.	Bétail, engrais.
Abatage.	Biens communaux.	Location.	Systèmes de culture.
Estimation.	Police rurale.	Améliorations.	Ventes et achats.
	Aménagement.	Capital.	Comptabilité.
Pêche, Étangs.	Plantation.	Personnel.	

TOME V. — HORTICULTURE

Terrain, engrais.	Semis, greffes.	Jardin fruitier.	Plans de jardins.
Outils, paillassons.	Pépinières.	— fleuriste.	Calendrier du Jardinier.
Couches, bâches.	Taille.	— potager.	
Terres.	Arbres à fruits.	Culture forcée.	— du forestier.
Orangerie.	Légumes.	Fleurs.	— du magnanier.

Prix des 5 volumes (ouvrage complet). . . . . . 39 fr. 50
Chaque volume pris séparément. . . . . 9 fr.

Il n'y a pas d'agriculteur éclairé, pas de propriétaire qui ne consulte assidûment la *Maison rustique du dix-neuvième siècle* ; ce livre, qui est encore l'expression la plus complète de la science agricole pour notre époque, peut former à lui seul la bibliothèque du cultivateur. 2,500 gravures réparties dans le texte parlent aux yeux et donnent aux descriptions une grande clarté.

AGRICULTURE — ÉCONOMIE RURALE

ALMANACH.
Almanach du Cultivateur, par les Rédacteurs de la *Maison rustique*. 192 pages in-18 et nombreuses gravures . . . . » 50
Une nouvelle édition de cet almanach est publiée chaque année.

ANNALES.
Annales de l'Institut agronomique de Versailles. 1 vol. in-4 de 418 pages avec 4 planches 3 50

ANNUAIRE.
Comptes rendus des travaux de la Société des agriculteurs de France (Session générale de décembre 1868). Annuaire de 1869. 1 vol in-8, 574 p. . . . . 6 »

BERTIN.
Chemins vicinaux (Des). In-8 de 411 p. . . . . 1 »
Statistique des subsistances (De la). 1 v. in-12 de 96 p. » 50

BEZENVAL (DE).
Observations pratiques sur un moyen économique d'assainissement des terres en culture et résultats du système. Brochure in-8, 8 pages. 0 25

BODIN.
Agriculture (Éléments d'). 4ᵉ édit. 1 vol. in-18 de 360 p. 1 75

BON FERMIER (LE).
Bon Fermier (Le). Aide-mémoire du Cultivateur, par Barral, et pour la **Revue agricole de 1870-71**, par de Céris, Gayot, Grandeau, Grandvoinnet, Heuzé, Liébert, Marié Davy, etc. 1 volume in-12 de 1,495 pages et 100 gravures. . . . . 7 »
Une nouvelle édition du *Bon Fermier* est publiée tous les ans, avec revue de l'année écoulée et addition des nouveautés.

BONNIER.
De l'assistance publique. 1 vol. in-8 de 224 p. . . . . 3 »
Monographies agricoles. 1 vol. in-12 de 168 p. 1 25

BOBIE (Victor).
Agriculture et liberté. 1 vol. in-8 de 189 pages . . . . 4 »
Calendrier agricole (LES DOUZE MOIS). 1 vol. in-8 à 2 colonnes de 380 pages et 95 gravures. 3 50
Question du Pot-au-feu. Organisation du commerce des viandes. In-8 de 47 pages. . . . . 1 »
Travaux des champs. (Bibl. du Cultiv.) 188 p. et 124 grav. 1 25

BOST.
Table décennale du Correspondant des justices de paix et des tribunaux de simple police. 1 vol. in-8 de 184 p. 4 »

BOUTET.
Question des laines. La liberté et la protection. 41 p. in-18. » 50

BRAY (DE).
Question des sucres. Résumé des opinions. In-8. 23 pages. » 50

Breton.

Assistance publique (L') et la bienfaisance au dix-neuvième siècle. 1 vol. in-8 de 160 pages 2 50

Économie agricole. Organisation du crédit agricole dans l'intérêt public. In-8, 100 p. 1 25

Moyens de prévenir la pénurie des grains. Br. in-18. » 50

Défrichement (Manuel théorique et pratique du). 1 v. in-8 de 400 pages. . . . . 4 »

Crises agricoles (Les) dans l'abondance et la pénurie des grains. 1 brochure in-18 de 40 p. 3e édit. . . . . » 50

Bujault (Jacques).

OEuvres de Jacques Bujault. 3e édition. 1 vol. in-8 de 540 pages et 33 gravures. . . . . 6 »

Cantoni.

Les produits de l'Agriculture du Piémont, de la Lombardie et de la Vénétie à l'Exposition universelle de 1867. In-4, 28 pages. . . . . 2 »

Carpentier.

Enseignement agricole (Entretien sur l') en France. 1 brochure. . . . . » 40

Congrès.

Comptes rendus des travaux du Congrès agricole libre, tenu à Nancy les 23, 24, 25 et 26 juin 1869, sous la présidence de S. Exc. M. Drouyn de Lhuys, président de la Société des agriculteurs de France. 1 vol. grand in-8, 276 p. et 6 pl. . . . . 5 fr.

Comptes rendus des travaux du Congrès agricole de Lyon. Séances des 21, 22, 23 et 24 avril 1869. 1 vol. in-8, 344 p. 5 fr.

Damourette.

Calendrier du métayer. 1 vol. in-12. (Bibl. du Cultiv.). 1 25

Delagarde.

Le pain moins cher et plus nourrissant. 1 vol in-12. 262 pages. . . . . 3 »

Destrem de Saint-Cristol.

Agriculture méridionale. Le Gard et l'Ardèche. 1 vol. in-8 de 407 pages. 3 50

Dombasle (De).

Calendrier du Bon Cultivateur. 10e édition. 1 vol. in-12 de 872 pages et 5 planches. 4 75

Abrégé du calendrier du bon cultivateur ou manuel de l'Agriculteur praticien. 1 vol. in-12. 280 p. 1 50

Extrait de l'abrégé du Calendrier du cultivateur. In-12, 98 p. . . . . » 60

Agriculture (Traité d'). 5 vol. in-8. . . . . 30 »

Annales de Roville. 9 vol. in-8. . . . . 61 50

Écoles d'arts et métiers. 1 br. in-18 de 106 pages. . . 1 »

Économie politique et agricole. 1 vol. in-18 de 194 p. 1 50

Doyère.

Alucite des céréales, ses ravages et moyens de les faire cesser. 110 pages in-4, gravures et 3 planches. 3 50

Ensilage. In-8 de 48 pages. . . . . » 75

KAINDLER.
Coton en Algérie (Culture du). Une br. in-18.............. 1 »
LABOURAGE (à vapeur, etc.).
**Labourage (Du) à vapeur et des labours profonds en
1867.** Résultats du concours international de Petit-Bourg. 1 vol. de
96 pages in-8 avec 14 gravures.......................... 3 fr.
L. L.
Agriculture (L') et le libre échange devant l'enquête des agriculteurs
de France; 20 pages in-8.............................. » 75
LARTET.
Colline de Sansan. Récapitulation des espèces d'animaux vertébrés
fossiles trouvés à Sansan, 48 p. in-8 et 1 planche.......... 1 25
LATERRADE.
Grêle (moyens d'en combattre les effets). 1 brochure in-8
de 64 pages..................................... 1 25
LAURENÇON.
Traité d'agriculture élémentaire et pratique à l'usage des
écoles primaires. 2 vol. in-18 avec nombreuses gravures..... 1 50
Chaque volume séparé................................ » 75
LAVELEYE.
Économie rurale (Essai sur l') de la Belgique. 1 vol. in-18
de 304 pages.................................... 3 50
LAVERGNE.
Agriculture des terrains pauvres. 1 v. in-18 de 200 p. 3 »
LAVERGNE (DE).
Agriculture (L') et l'enquête. Br. de 48 pages........... 1 »
Agriculture et population. 1 vol. in-8 de 412 pages... 3 50
Économie rurale de la France depuis 1789. 1 vol. in-12
de 490 pages..................................... 3 50
Économie rurale (Essai sur l') de l'Angleterre, de l'Écosse et de
l'Irlande. 3e édit. 1 vol. in-12....................... 3 50
LECOQ.
Plantes fourragères (Traité des). 2e édition. 1 vol. in-8 de
518 pages et 40 gravures............................ 7 50
LECOUTEUX (E.).
Agriculture (L') et les élections de 1863. 64 p. in-8. 1 »
Blé (La question du). Br. de 32 p................. 1 »
Culture améliorante (Principes de la). 3e édition. 1 vol.
in-12 de 400 pages............................... 3 50
La République et les Campagnes. Br. in-8 de 70 p. 1 fr.
LEFEBVRE.
Maladie des pommes de terre. In-8 de 112 pages... 1 50
LEFÈVRE (Émile).
Tous les oiseaux sont utiles. Leur destruction diminue la for-
tune publique. In-8, 72 p............................ » 75
LEFOUR.
Comptabilité et géométrie agricoles. (Bibl. du Cultiv.) 214 p.
et 104 grav..................................... 1 25

Culture générale et instruments aratoires. (Bibl. du Cultiv.) 1 vol. in-18 de 160 pages et 135 gravures 1 25

Problèmes agricoles (300). 1 brochure in-18 de 36 p. » 50

Léon.

Des droits sur les grains et des changements que comporte la législation des céréales. In-8, 27 pages. . . . . 1 »

Léouzon.

Enseignement agricole (Réforme de l'). In-8 de 28 p. 1 »

Leplay.

Sorgho sucré (Culture du) comme plante industrielle et comme plante fourragère. 36 pages in-8. . . . . 1 »

Leroy (A.).

Revue agricole illustrée. Guide du châtelain. In-4 de 148 pages, orné de nombreuses gravures. . . . . 5 »

Liebig (De).

Lettres sur l'agriculture moderne, par le baron Justus de Liebig, traduites par le docteur Théodore Swarts. 1 vol. in-18 de 244 p. 3 50

Louvel.

Grains (Conservation des) au moyen du vide . . . . . » 75

Grains et farines (Conservation des) au moyen du vide. 1 vol. in-18 de 172 pages. 2 50

Lullin de Châteauvieux.

Voyages agronomiques en France. 2 vol. in-8, ensemble 1031 pages. . . . . 10 »

Lurieu (De) et Romand.

Colonies agricoles (Études sur les) de mendiants, jeunes détenus, orphelins et enfants trouvés de Hollande, Suisse, Belgique, France. 1 vol. in-8 de 462 pages. 7 50

Martinelli.

Comices (Appel aux). 32 pages in-8. . . . . » 50

Martres.

Agriculture (L') du département des Landes devant l'enquête, et son amélioration par la culture de la vigne et du pin. In-12 de 100 pages et table. . . . . » 75

Masure.

Leçons élémentaires d'agriculture à l'usage des agriculteurs praticiens et destinées à l'enseignement agricole dans les écoles spéciales d'agriculture, dans les écoles normales primaires et dans les écoles communales.

Première partie : Les plantes de grande culture, leur organisation et leur alimentation. 1 vol. in-18 de 330 p. et 52 grav. 3 50

Deuxième partie : Vie aérienne et vie souterraine des plantes agricoles. 1 vol. de 477 pages et 20 figures. 3 50

L'ouvrage complet. . . . . 7 »

Néheust (P.).

Économie rurale de la Bretagne. 1 vol. in-18 de 220 p. 2 50

Mesnil-Marigny (Du).

Céréales et la douane (Les). 1 vol. in-18 de 260 p. . 3 »

Miot.

Les insectes auxiliaires et les insectes utiles. In-12. 101 p. 27 fig. . . . . » 75

1.

Rochussen

Culture et fécondation artificielles des céréales, système Hooïbrenk. 1 v. in-8 de 54 pages, avec 3 pl. 1 50

Rondeau.

Crédit agricole (Projet de). 1 vol. in-18 de 236 p. . . . . . 2 »

Royer.

Allemande (L'agriculture), ses écoles, son organisation, ses mœurs et ses pratiques. 1 vol. grand in-8 de 542 p. 7 50

Statistique agricole de la France en 1843. 1 vol. in-8 de 304 pages. . . . . 5 »

Saint-Aignan.

Crise agricole (La). Prise de loin et vue de haut. Broch. in-8. 1 »

Saint-Martin.

Crédit agricole (Du). In-8, 40 pages. . . . . 2 »

Saintoin-Leroy.

Comptabilité agricole (Cours complet de)

1° *Manuel de comptabilité agricole pratique*, en partie simple et en partie double, troisième édition, avec modèle des écritures d'une exploitation rurale pour une année entière. 1 vol. gr. in-8 et tableaux, de 192 p. . . . . . . 3 »

2° *Comptabilité-matières de l'agriculteur*, Complément du *Manuel de comptabilité agricole pratique*; suivie du *Livre du travail*, et d'une *Méthode abrégée de tenue des livres agricoles en partie simple*. 1 vol. gr. in-8 de 144 pages, avec nombreux tableaux. . . . . 4 »

3° *Comptabilité simplifiée, agricole et commerciale*, mise à la portée de la moyenne et de la petite culture, suivie de la *Comptabilité spéciale des marchands et des artisans*, à l'usage des écoles primaires de garçons et de filles. 1 vol. gr. in-8 et tableaux, de 96 pages. . . . . 2 »

Registres pour la grande et la moyenne culture.

Registre-Mémorial de l'Agriculteur (comptabilité-matières), réunion de tous les tableaux nécessaires à la constatation de tous les faits d'une exploitation rurale. 1 vol. gr. in-4 oblong. . . . . 3 »

Livre de caisse (comptabilité-espèces), registre en tableaux. 1 vol. grand in-4 oblong. 2 50

Journal, registre en blanc réglé et folioté. 1 vol. gr. in-4 oblong. 2 50

Grand-Livre, registre en blanc réglé et folioté. 1 vol. gr. in-4 oblong. 3 »

On peut joindre à ces registres des cahiers quadrillés pour la constatation journalière des travaux de main-d'œuvre, des attelages et de la nourriture du personnel.

1° Cahier quadrillé, avec instruction et modèles de tableaux. 1 vol. petit in-4 oblong. . . . . 2 »

2° Cahier simplement quadrillé. 1 vol. petit in-4 oblong. 1 25

Agenda de poche du Cultivateur, petit cahier à joindre à tous les Agendas usuels, de 36 pages, format in-18; prix des dix exemplaires. 1 50

Comptabilité de la petite culture à l'aide d'un seul livre dit Mémorial-caisse, à l'usage de l'enseignement élémentaire de la comptabilité agricole dans les écoles primaires. In-4 oblong. 9 25

Registres pour la comptabilité simplifiée.

Registre unique du Cultivateur pour l'application de la Comptabilité simplifiée. 1 vol. petit in-4 oblong, de 100 pages. . . . . 2 »

Le même, moins fort, pour les écoles. 60

Livre de caisse des Marchands. 1 vol. petit in-4 oblong. . . . . 2 »

Livre de caisse des Artisans. 1 vol. petit in-4 oblong. . . . . . 2 »

Chaque volume ou registre se vend séparément.

Schlœsing et Grandeau (L.) Voy. Grandeau et Schlœsing.

Schwerz.

Agriculteur commençant (Manuel de l'), traduit par Villeroy. (Bibl. du Cultiv.). 5e édit. 332 pages. 1 25

Sers (Louis).

Enquête agricole (L') dans le département des Basses-Pyrénées, en 1866. 1 vol. in-8 de 95 pages 2 50

Souffrances de l'agriculture (Les) et les vices de son organisation devant la société et le droit commun. In-8, 48 pages. . . . 1 »

Stockhardt.

Ferme (La), Guide du jeune fermier. 2 vol. in-18 formant ensemble 616 pages . . . . 7 »

Tapié.

L'agriculture devant l'industrie. In-8, 16 p. . . . » 50

Théron de Montaugé.

Agriculture (L'), et les classes rurales dans le pays Toulousain, depuis le milieu du dix-huitième siècle. 1 vol. in-8 de 682 pages. 8 fr.

Vigneral (De).

Agriculture (Manuel populaire d') à l'usage des cultivateurs d'Argentan. 92 pages in-8 . . . . 1 25

Ville (Georges).

Maladie des pommes de terre. In-8 de 32 pages. . . . 1 »

La betterave et la législation des sucres. Conférence faite à Arras, le 30 mai 1868, à la demande de la Société d'agriculture. Br. gr. in-8, 42 p. et 2 pl. 1 25

Agriculture (L') par la science et par le crédit, conférence faite à la Sorbonne, le 7 janvier 1869. 1 vol. in-8, 43 pages. . . . . . 1 »

La Production végétale. Conférences faites au champ d'expériences de Vincennes en 1864. 2e édition. 1 beau vol. in-8 de 460 pages. 7 50

Zwzifel.

Assistance publique (L'). In-8, 52 pages. . . . . 1 »

AMENDEMENTS, ENGRAIS, CHIMIE, PHYSIQUE, MÉTÉOROLOGIE

Bortier.

Coquilles animalisées, leur emploi en agriculture . . . 1 »

Cartier (J.).

Sels alcalins (De l'emploi des) en agriculture. In-8 de 135 p. . 2 »

Composts.

Composts, fumiers, plâtre (Notice sur les), employés comme engrais. Br. in-8. . . . . » 50

Grandeau.

Description sommaire et plan du champ d'expérience, établi sur la ferme-école de la Malgrange. In-8. 1 »

Heuzé.

Fumures et des étendues en fourrages (Formules des). 2e édition. 1 brochure in-18 de 68 pages. 1 25

Matières fertilisantes. 4e édition. 1 vol. in-8 de 708 p. 9 »

Jauffret.

Nouvelle méthode pour la fabrication économique des engrais. 1 br. in-8 de 56 p. et 1 pl. . . . . 3 »

LEFOUR.

Sol et engrais. (Bibl. du Cultiv.). 180 p. et 50 gr. 1 25

MARIÉ-DAVY.

Météorologie. Les mouvements de l'atmosphère et des mers, considérés au point de vue de la prévision du temps. 1 vol. grand in-8 avec 24 cartes coloriées et fig. dans le texte. . . . . 10 »

MÉGE-MOURIÈS.

Fabrication des acides gras propres à la fabrication des bougies et des savons. In-4 de 22 pages. . . . . 1 »

MÉMORIAL.

Mémorial du propriétaire améliorateur. Excellence, emploi et dosage des amendements calcaires. 1 vol. in-12 de 296 pages. 2 50

MÉRESSE.

Les marais salants de l'Ouest, leur passé, leur présent et leur avenir. In-12, 192 p., 2 tabl. et 1 carte. . . . . 3 »

MEULENAERE (DE).

Les engrais chimiques et les terrains sablonneux des Flandres. 2 volumes in-8. . . . . 4 »

1re PARTIE : Enquête faite au château de Welden, en 1818 et 1869, par un paysan. In-8 de 94 pages. 1 50

2e PARTIE : Enquête faite au château de Welden, en 1870, par un paysan. In-8 de 168 pages. 2 50

OKORSKI.

Désinfection des villes. Engrais complet dit engrais atmosphérique. 1 brochure in-8, de 24 pages et 3 tableaux. . . . . 1 »

PETIT.

Les Engrais chimiques dans le Sud-Ouest. 1re année. Résultat de la campagne de 1869. In 8°, 102 p. . . . . 1 »

PIERRE (Isidore).

Chimie agricole. 5e édition. 2 vol. in-18. . . . . 7 »

Recherches analytiques sur la valeur comparée de plusieurs des principales variétés de betteraves. In-8 de 46 pages . . . . 1 »

PUVIS.

Amendements (Traité des). 1 vol. in-18 de 440 p. 3 50

SACC.

Chimie du sol. 1 vol. in-18. (Bibliothèque du Cultivateur) 1 fr. 25

Chimie des végétaux. 1 vol. in-18. (Biblioth. du Cultiv.) 1 fr. 25

Chimie des animaux. 1 vol. in-18. (Biblioth. du Cultiv.) 1 fr. 25

SAINT-PIERRE.

Les engrais chimiques appliqués à la culture de la vigne. Brochure in-8. 1 »

STOCKHARDT.

Chimie usuelle appliquée à l'agriculture et à l'industrie. Trad. par Brustlein. 1 vol. in-18 de 524 p. et 225 grav. 4 50

VILLE (Georges).

Engrais chimiques (Les). 1er volume. Entretiens agricoles donnés au champ d'expériences de Vincennes dans la saison de 1867. 4e édition. 1 vol. in-18 jésus de 300 pages. Gravures et planches. 3 50

2e volume. Entretiens agricoles donnés au champ d'expériences de Vincennes dans la saison de 1868. 1 vol. in-18 jésus de 405 pag., gravures et planches. 3 50

Recherches expérimentales sur la végétation. Mémoires et mélanges, t. Ier. 1 vol. gr. in-8 de 400 p. avec 3 pl. et gr . . 15 »
La betterave et la législation des sucres. Br. grand in-8, 48 p. et 2 pl. 1 25
Ecole (L') des engrais chimiques. Premières notions de l'emploi des agents de fertilité. In-12. 100 pages et 1 pl. . . . . . . 1 »
Résultats obtenus en 1868 au moyen des engrais chimiques. Br. gr. in-8. 75 p. . . . . 2 »
  Le même. Edition in-12 . . . . 1 »
La Production végétale. Conférences faites au champ d'expériences de Vincennes, en 1864. 2e édition. 1 beau vol. in-8 de 460 p . . 7 50

DRAINAGE — IRRIGATION — ÉTANGS — PISCICULTURE

Barral.
Drainage des terres arables. 2e édition. 2 vol. in-12 formant ensemble 960 pages et contenant 443 grav. et 9 pl . . . . 7 »
Irrigations, engrais liquides et améliorations foncières permanentes. 1 v. in-12 de 790 p. et 120 grav. 7 50
Législation du drainage, des irrigations et autres améliorations foncières permanentes. 1 vol. in-12 de 664 pages. 7 50
Benoit.
Drainage (Système de). In-8, 24 pages et 1 pl. . . . . 1 »
Bertin.
Irrigations (Code des), suivi des rapports de MM. Dalloz et Passy, et de la législation étrangère, par Bertin, avocat, rédacteur en chef du journal *le Droit.* 1 vol. in-8 de 182 pages. . . . . 3 »
Bortier.
Desséchement des Moëres par **Cobergher en 1622.** Grand in-8, 8 p., portrait et plans. . . . . 1 »
Delacroix.
Drainage (Faits de), débit des terres drainées, position des plans d'eau souterrains. 84 pages in-18 et 4 gravures. 1 25
Danilewski.
Coup d'œil sur les pêcheries en Russie. Gr. in-8 de 75 p. 1 50
Jeandel.
Inondations (Études expérimentales sur les). In-8, de 146 p. 2 50
Joigneaux.
Pisciculture et culture des eaux. 1 vol. in-18 de 560 pages et 61 gravures. 3 50
Lambot-Miraval.
Montagnes (moyens de les reverdir par l'irrigation et de prévenir les inondations). 66 pag. . . . . 2 »
Leclerc.
Drainage (Traité pratique de). 1 v. in-12 de 424 p. 150 gr. 3 50
Martin.
Code nouveau de la pêche fluviale. 1 vol. in-18, 184 p. 1 50
  Le même, annoté in-12, 300 p. . . . . 3 »
Midy.
Drainage (Le) et l'irrigation. 27 pages in-8. . . . . 2 50

Monny de Mornay.

Irrigations en Italie et en Allemagne (Législation des). In-8 de 166 pages 3 50

Mouls (l'abbé).

Huîtres (Les). 1 v. in-18 . . . . 1 25

Muller (A.) et Villeroy (F.).

Manuel des irrigations. 2ᵉ édition revue et corrigée par les auteurs. 1 vol. in-12 de 263 pages et 123 gravures 3 50

Nivière.

Drainage (Moyen d'obtenir du) tout son effet utile . . . » 75

Thackeray.

Drainage (Philosophie et art du). 96 p. 2 50

Vignotti.

Irrigations du Piémont et de la Lombardie. 1 vol. in-18 de 94 pages . . . . » 75

Villeroy (F.)

Voir Muller (A.) et Villeroy (F.)

Virebent.

Drainage rendu facile. 40 p. in-8 et 3 pl. 1 25

CONSTRUCTIONS, INSTRUMENTS, ARTS AGRICOLES

Casanova.

Charrue (Manuel de la). 1 vol. in-18 de 176 p. et 83 gr. 1 75

Damey.

Machines à battre (Le conducteur de). 1 vol. in-18 de 108 pages 1 50

Grandvoinnet.

Constructions rurales. Les bergeries. Dispositions diverses, constructions, matériel meublant. 1 vol. in-12, 314 pages, orné de 169 gravures dans le texte . . . . 5 »

Kergorlay (De).

Ferme de Canisy. 24 p. in-4 et 52 grav . . . . 1 »

Labourage (à vapeur, etc.).

Labourage (Du) à vapeur et des labours profonds en 1867. Résultats du concours international de Petit-Bourg. 1 vol. de 96 pages in-8 avec 14 gravures . . . . 3 fr.

Leclerc (P.).

Matériel et procédés des exploitations rurales et forestières. Exposition universelle de 1867 à Paris. 1 vol. gr. in-8, 432 p., 59 fig. dans le texte et 7 planches . . . . 4 »

Machines, etc.

Machines à moissonner. Rapport du jury sur le concours de 1859, 64 pages grand in-8, 34 gravures . . . . 1 »

Pepin-Lehalleur.

Labourage à vapeur. Concours international de Roanne, rapport du
jury. In-8 de 49 pages. . . . . » 50

Planet (De).

Machines à battre (La vérité sur les). In-18 de 256 p.   2 »

Saint-Martin.

Chemins ruraux (Des). 1 brochure in-8 de 60 p. . . .   2 »

Touaillon.

Meunerie (La), la boulangerie, la biscuiterie, la vermicellerie, l'ami-
donnerie, la féculerie, etc. 1 vol. in-18 de 452 p. . . . . .   5 »

ANIMAUX DOMESTIQUES — MÉDECINE VÉTÉRINAIRE

Ayrault.

Industrie (De l') mulassière en Poitou, ou étude de la race chevaline mulassière, de l'âne, du baudet et du mulet. 1 vol. in-12 de
200 pages et 3 planches. . . . .   3 »

Benion.

Races canines (Les). Origine, transformations, élevage, amélioration,
croisement, éducation, utilisation au travail, rage, maladies, taxes, etc.,
1 vol. in-12 de 260 pages, orné de 12 grav. 3 50

Borie (Victor).

Animaux de la ferme, par Victor Borie. — Espèce bovine.
Ce volume, grand in-4, contient 46 aquarelles dessinées d'après nature, 65 gravures noires intercalées dans le texte et 332 pages im-
primées avec luxe, cartonné. . . . .   85 »
Richement relié. . . . . 100 »

Charlier.

Ferrure périplantaire (Principes de la), dite ferrure Charlier,
appliquée au cheval et au bœuf de travail. In-8, 16 p. et 14 fig.   » 75

Daignaud.

Race bovine du Limousin (Amélioration de la). 1 vol. in-18
de 106 pages. 1 50

Dampierre (De).

Races bovines. (Bibl. du Cult.) 2ᵉ édit. 196 pages et 28 gr.   1 25

Duliége.

**Quelques mots sur la tonte du cheval au point de vue
de l'hygiène.** Brochure in-8. . . . .   0 75

Flaxland (J.-F.).

**Études sur l'élevage, l'entretien et l'amélioration de la
race bovine en Alsace.** 124 p. in-8. . . . .   2 »

Gayot.

Cheval (Achat du). (Bibl. du Cultiv.) 1 vol. de 216 pages et
25 grav. 1 25
Chevaline (La France). 1ʳᵉ partie : *Institutions hippiques.* 4 vol.
in-8. . . . . 26 »
  2ᵉ partie : *Études hippologiques.* 4 vol. . . . . 26 »

Lièvres, lapins et léporides. (Bibl. du Cultiv.) 216 p. et 16 grav. 1 25
Mouches et vers. 1 vol. in-12 de 218 p. orné de 33 vign. 3 50
Poules et œufs. (Bibl. du Cultiv.) 1 v. de 216 pag. . . . 1 25
Sportsman (Guide du), ou traité de l'entraînement. 1 vol. in-18 de 376 pages avec 12 gravures. 4ᵉ édition 3 50

GEOFFROY SAINT-HILAIRE.

Animaux utiles (Acclimatation et domestication des). 4ᵉ édition. 1 beau vol. in-8 de 534 pages et 47 gravures. . . 9 »

GOUX.

Race bovine garonnaise. 1 vol. in-8 de 80 pages. 1 50

GOYAU.

Une conférence sur le commerce des chevaux. 1 vol. de 60 p. in-8. . . . . 0 50

GUYTON.

Ferrure de Miles (Exposé analytique de la). In-8 de 16 p. et 1 pl. . . . . 1 »

HAYS (DU).

Cheval percheron. (Bibl. du Cultiv.) 1 vol. de 176 p. . 1 25
Merlerault (Le), ses herbages, ses éleveurs, ses chevaux. 1 vol. in-18 de 182 pag. . . . . 3 »

HERD BOOK FRANÇAIS.

Registre des animaux de pur sang, de la race bovine courtes cornes améliorée, dite race de Durham, nés ou importés en France, publié par ordre du Ministre de l'agriculture, du commerce et des travaux publics.
Tome II. 1 vol. in-8, de 321 pages. 1858 . . . . 5 »
Tome III. 1 vol. in-8, 398 pages. 1862 . . . . 5 »
Tome IV. En 2 volumes in-8, 1866. . . . . 10 »
Tome V. 1 vol. in-8. 656 p. . . . . 5 »

HEUZÉ (G.).

Porc (Le). 1 volume in-12 de 334 pages avec 56 grav. . . 3 50

JACQUE (Ch.).

Poulailler (Le). 2ᵉ édit. 1 vol. in-12 et 120 grav. . . 3 50

JUILLET.

Chevaline (Emancipation de l'industrie). In-8 . . . 1 50

LAMORICIÈRE (Général DE).

Chevaline (De l'espèce) en France. 1 vol. in-4 de 312 pag. et 3 cartes coloriées. 5 50

LE CONTE.

De l'Avenir de la race charolaise dans le Roannais. Br. in-8. . . . . 0 50

LEFOUR.

Animaux domestiques. (Bibl. du Cultiv.) 1 vol. in-18 de 162 pages et 33 grav. 1 25
Cheval, âne et mulet. (Bibl. du Cult.) 1 vol. de 180 pag. et 141 gravures. 1 25
Mouton (Le). 1 vol. in-18 de 390 p. et 76 grav. 3 50
Race flamande. 1 volume in-4 de 216 pages, avec 114 gravures noires et 4 pl. coloriées. (Édition de l'Imprimerie nationale.) 20 »

L. Léouzon.

Porcherie (Manuel de la). 1 vol. in-18 de 168 pages et 37 gravures. 1 25

Le Roy.

De la maladie généralement connue sous le nom de sang-de-rate. In-8, 52 pages. . . . . 1 »

Magne.

Vaches laitières (Choix des). (Bibl. du Cultiv.) 144 pages et 39 gravures. 1 25

Millet-Robinet (Mme).

Basse-cour, pigeons et lapins. (Bibl. du Cultiv.) 4e édit. 180 p. et 31 gravures. 1 25

Miot.

De la répression des mauvais traitements exercés envers les animaux domestiques. Broch. in-18, 24 p. et 1 table.   0 50

Moll.

De l'état de la production des bestiaux en Allemagne, en Belgique et en Suisse. In-8, 94 pages. 2 75

Pelletan.

Pigeons, dindons, oies et canards. 1 vol. in-12 avec 20 fig. (Bibl. du Cultiv.). 1 25

Rauch.

Vétérinaires (Nécessité d'encourager l'établissement des) dans les campagnes. 56 p. in-18. . . . . » 50

A. Richard (du Cantal).

Étude de la conformation du cheval, suivant les principes élémentaires des sciences naturelles et de la mécanique animale. 4e éd. In-12 de 400 pages. 3 50

Saive (De).

Inoculation du bétail. 100 pages in-8. . . . . 2 50

Quelques mots sur l'inoculation du bétail. In-12, 64 pages. . . . . 1 »

Salle.

Méthode pratique pour aider à la connaissance rapide de l'âge du cheval. Tableau circulaire mobile, cartonné.   5 »

Sanson.

Bétail (Économie du). 4 vol. in-18 et plus de 150 grav.

1er Vol. — Organisation et fonctions physiologiques, hygiène.	3e Vol. — Applications : cheval, âne, mulet.
2e Vol. — Principes généraux de la zootechnie.	4e Vol. — Applications : bœuf, mouton, chèvre, porc.

Chaque volume se vend séparément. 3 50

Maréchalerie (La). Ferrure des animaux domestiques. 1 vol. in-12 de 180 pages, 27 grav. (Bibl. du Cult.) 1 25

Médecine vétérinaire (Notions usuelles de). (Bibl. du Cultiv.) 2e édit. 1 vol. de 180 pages et 13 gravures. 1 25

Moutons (Les). 1 vol. de 180 pages et 56 gravures. 1 25

Segouin.

Lapins (Nouveau traité pratique de l'éducation des diverses espèces de). 58 pages in-12. . . . . » 50

VIAL.
Engraissement du bœuf. (Bibl. du Cultiv.) 1 vol. in-18 de 180
pages et 12 gravures. 1 25
VILLEROY
Bêtes à cornes (Manuel de l'Éleveur de). (Bibl. du Cultiv.
300 pages et 60 gravures. 1 25
Bêtes à laine (Manuel de l'Éleveur de). 1 vol. de 335 p. et
54 gr. 3 50
Chevaux (Manuel de l'éleveur de). (Types des principales
races.) 2 vol. in-8 avec 121 gravures. . . . . 12 »
ZUNDEL.
**Des Améliorations à apporter au mode de transport des
animaux par les chemins de fer.** In-12. 56 p. . . . . 1 »

ARBORICULTURE — HORTICULTURE — BOTANIQUE

Almanach du jardinier, par les rédacteurs de la **Maison rus-
tique.** 192 pages et nombreuses gravures. . . . . . . » 50
Une nouvelle édition de cet Almanach est publiée chaque année.
ANDRÉ
Plantes de terre de bruyère. Rhododendrons, Azalées, Camellias,
Bruyères, Ipacris, etc. 1 vol. in-18 de 388 pages avec 30 grav. 3 50
BENGY-PUYVALLÉE (DE).
Pêcher (Culture du). 2ᵉ édition. 1 volume in-18. . . . 3 50
BALTET.
Culture des arbres fruitiers au point de vue de la grande pro-
duction. Brochure grand in-8 de 40 pages. . . . . . . 1 fr.
BERLÈSE.
Camellia. 3ᵉ édition. Culture et description de 180 variétés nouvelles.
1 vol. in-8 de 340 pages. . . . . 5 »
BON JARDINIER (LE).
Bon Jardinier (Le), par POITEAU, VILMORIN, BAILLY, DECAISNE, NAUDIN,
NEUMANN, PÉPIN. 1,650 pages in-12. . . . . 7 »
Une nouvelle édition du *Bon Jardinier* est publiée chaque année.
Cet ouvrage a été couronné par la Société d'horticulture.
Bon Jardinier (Gravures du). 22ᵉ édit. 1 vol. in-12 de 648 pag.
avec 680 grav. et planches. . . . . 7 »
BOSSIN.
Plantes bulbeuses, espèces, races et variétés. (Biblioth. du Jardinier.)
2 vol. in-18. . . . . 2 fr. 50
Reine-Marguerite et ses variétés. In-12 de 48 p. . . . . » 50
BRAVY.
Arbres fruitiers (Culture des). 2ᵉ éd. 86 p. in-12. . . . » 75
CARRIÈRE.
Arbre généalogique du groupe pêcher. 1 v. in-8. 104 p. 3 »
Encyclopédie horticole. In-12 de 558 p. 3 50
Entretiens familiers sur l'horticulture. 1 vol. in-12 de
384 pages. 3 50
Jardinier-multiplicateur (Guide pratique du), ou art de pro-
pager les végétaux par semis, boutures, greffes, etc. 2ᵉ édition. 1 vol.
in-18 de 416 pages et 85 gravures. 3 50
Pépinières. (Bibl. du Jard.) 148 pages et 30 grav. . . . 1 25

Production et fixation des variétés dans les végétaux,
1 v. in-8 à 2 col. de 72 p. avec 13 gr. sur bois et 2 pl. color. . . . 2 50
    Céris (De).

Jardins et parcs. (Bibl. du Jard.) 1 vol. in-18 avec 60 grav. . . 1 25
    Chabaud.

Végétaux exotiques cultivés en plein air dans la région des oran-
gers. Brochure in-8 de 48 pages. . . . . 1 fr.
    Decaisne et Naudin.

Manuel de l'amateur de jardins. Traité général d'horticulture
en 4 parties, formant 4 volumes in-12. Prix de chaque partie. . 7 50
    Delchevalerie.

Plantes de serre chaude et tempérée, 1 vol. in-12. (Bibl. du
Jardin.) 156 p. et 9 gr 1 25

Orchidées. 1 vol. in-12, avec 32 figures. (Bibl. du Jard.). . . . 1 25
    Dumas (A.).

Culture maraîchère pour le midi de la France, contenant
le calendrier horticole. 2ᵉ édition, 1 vol. in-18 de 144 pages. (Bibliothèque du Jardinier.) 1 25
    Dupuis.

Arbrisseaux et arbustes d'ornement de pleine terre. 1 v.
(Bibl. du Jardin.) 122 p. et 25 grav. 1 25

Arbres d'ornement de pleine terre. 162 p., 40 grav. (Bibl.
du Jardinier.)
. . . . 1 25

L'œillet, son histoire et sa culture. 140 pages. In-32. . . . . . . 1 »
    Duvillers.

Parcs et jardins (Les), créés et exécutés par F. Duvillers, architecte
paysagiste, paraissant par livraisons de deux planches in-folio avec texte.
Prix de chaque livraison. . . . . 5 »
Prix du 1ᵉʳ vol. (20 livraisons). . . . . 100 »
    Gaudry.

Arboriculture (Cours pratique d'). 1 v. in-12 de 304 p. 2 25
    Hardy.

Arbres fruitiers (Taille et greffe des). 6ᵉ édition. 1 vol. in-8
et 122 gravures. 5 50
    Hérincq, Jacques et Duchartre.

Plantes, arbres et arbustes (Manuel général des). Description et culture de 25,000 plantes indigènes d'Europe ou cultivées dans
les serres, par MM. Hérincq et Jacques, ex-jardiniers en chef du domaine
royal de Neuilly, pour les trois premiers volumes, et Duchartre, pour le
quatrième volume. — 4 vol. petit in-8 à 2 colonnes. . . . . . . 36 »
    Huard du Plessis.

Noyer (Le). Traité de sa culture, suivi de la fabrication des huiles de
noix. 2ᵉ édit. 1 v. in-18 de 175 p. et 45 gr. (Bibl. du Cultiv.) 1 25
    Jacquin.

Melon (Monographie complète du) 1 vol. in-8 de 200 pages et
33 planches sur acier. Prix. . . . . 5 »
    Jardins, etc.

**Jardins (Traité de la composition et de l'ornementation
des).** 6ᵉ édition. 2 vol. in-4 oblong avec 168 planches gravées. 25 »
    P. Joigneaux.

Conférences sur le jardinage (légumes et fruits). 3ᵉ édit.,
(Bibl. du Jard.) 144 pages. 1 25

Le jardin potager. Ouvrage illustré de 95 dessins en couleur intercalés dans le texte. 1 beau vol. in-18 de 442 p. . . . . . . 6 »

LABOURET.

Cactées (Monographie de la famille des), suivie d'un **Traité complet de culture** et d'une table alphabétique de toutes les espèces et variétés. 1 vol. in-12 de 732 pages. 7 50

LACHAUME.

Pêchers en espaliers (Conduite et taille des). 1 vol. in-18 de 212 pages et 40 gravures . . . . 2 »

Poiriers et pommiers (Méthode élémentaire pour tailler et conduire les). 1 vol. in-18 de 285 p. et 49 grav. . . . 2 50

Rosier, culture et multiplication. In-18, 172 pages et 34 grav. 1 25

LAMY.

Des champignons. Guide indispensable pour acquérir, par des signes certains, la connaissance de leur qualité comestible ou vénéneuse. In-18, 68 pages et 4 pl. 1 50

LEBOIS.

Chrysanthème (Culture du). 36 pages in-12. . . . . » 75

LECOQ.

Botanique populaire. 1 vol. in-18 de 408 p. et 215 grav. 3 50

Fécondation naturelle et artificielle des végétaux et hybridation. 1 vol. in-8 de 428 pages et 106 gravures. 7 50

LEMAIRE.

Cactées (Les), histoire, patrie, organes de végétation, inflorescence et culture, etc. (Bibl. du Jardin.) 140 p. et 11 grav. 1 25

Plantes grasses autres que cactées. (Bibl. du Jard.) 1 25

LE MAOUT ET DECAISNE.

Flore élémentaire des jardins et des champs, avec des Clefs analytiques conduisant promptement à la détermination des Famille et des Genres, et un Vocabulaire des termes techniques. 2 vol. petit in-8 de 940 pages . . . . 9 »

LEROY (André).

Catalogue de André Leroy (d'Angers). 1 v. in-8 de 140 p. 1 »

Dictionnaire de pomologie, contenant l'histoire, la description, la figure des fruits anciens et des fruits modernes les plus généralement connus et cultivés. Tome I et II. Poires. 2 vol. grand in-8 d'ensemble 1390 pages. . . . . 20 fr.

LIRON (DE) D'AIROLLES.

Catalogue des arbres à fruits, cultivés dans les pépinières des Chartreux de Paris, en 1775. 1 brochure in-18 de 82 pages. . . 2 »

Notices pomologiques. 1re partie, épuisée.

2e partie : Coup d'œil sur l'arboriculture fruitière. 1 vol. . . . 2 50

Poiriers (Les) les plus précieux parmi ceux qui peuvent être cultivés à haute tige. 2e édit. 1 vol. in-8 avec pl. . . . . 2 »

LOISEL.

Asperge. Culture. (Bibl. du Jard.) 2e édit. 108 pages et 8 gr. 1 25

Melon. Culture. (Bibl. du Jard.) 5e édit. 108 pages et 7 gr. 1 25

Marx-Lepelletier.

Rosier — Violette — Pensée — Primevère — Auricule — Balsamine — Pétunia — Pivoine. (Bibl. du Jard.) 108 p. 1 25

Menet.

Arboriculture (Traité élémentaire et pratique d'). 1 vol. in-8 de 78 pages et 17 planches 2 50

Morel.

Orchidées (Culture des). Instructions sur leur récolte, expédition et mise en végétation, et liste descriptive de 550 espèces. 1 vol. 5 »

Nardy, aîné.

Petit guide pour le Jardin maraîcher, 11 p. in-4 obl. » 50

Naudin.

Potager (Le), jardin du cultivateur. (Bibl. du Jardinier.) 187 pages, 31 gravures. 1 25

Serres et orangeries de plein air. 32 pages in-8. » 75

Noisette.

Jardinier (Manuel complet du). 4 vol. in-8 et un supplément formant ensemble 2470 pages et 25 planches. 25 »

Ponce (J.)

La culture maraîchère pratique des environs de Paris. 1 vol. in-18 de 320 p., orné de 16 pl. lith. 2 50

Préclaire.

Arboriculture (Traité théorique et pratique d'). 1 vol. in-8 de 178 pages et 1 atlas in-4 de 15 planches. 5 »

Puvis.

Arbres fruitiers. Taille et mise à fruit. (Bibl. du Jard.) 2° édition, 167 pages. 1 25

Rafarin.

Serres (Chauffage des). 1 vol. in-8, 26 grav. 3 50

Raoul (Abbé).

Arboriculture (Manuel pratique d'). 1 vol. in-18 de 264 pag. et 10 gravures. 2 50

Rémy.

Champignons et truffes. 1 v. in-18 de 172 p. et 12 pl. color. 3 50

Jardinier des fenêtres (Le), des appartements et des petits jardins. 1 v. in-18 de 280 p. et 40 gr. 4° édition. 3 50

Riondet.

Olivier (L'). In-18 de 139 p. (Bibl. du Cultiv.) 1 25

Thibaut.

Pelargonium. (Bibl. du Jardinier.) 2° édit. 108 p. et 10 gr. 1 25

Vilmorin-Andrieux.

Fleurs de pleine terre (Les) comprenant la description et la culture des fleurs annuelles vivaces et bulbeuses de pleine terre. 3° édition illustrée de près de 1300 grav. in-12. 1572 p. 12 »

Vincelot (L'abbé).

Réhabilitation du Pic-Vert ou réponse aux observations d'un propriétaire sur l'utilité du Pic. 3° édit., gr. in-8, 96 pages. 1 50

VIGNE — BOISSONS — DISTILLATION — SUCRE

Baltet.

Raisin (La coulure du). 1 broch. in-8 de 40 pages . . . . . 1 »

Bouschet.

Les Raisins du verger, 1re livraison, les raisins de juillet et d'août, in-8, 35 p. . . . . 1 »

Carrière.

Vigne (La). 1 vol. in-18 de 396 p. et 121 grav. 3 50

Collignon d'Ancy.

Vigne. Nouveau mode de culture et d'échalassement. 1 vol. in-8 de 200 pages et 3 planches . . . . 3 »

Garnier.

Vigne (Théorie pour l'amélioration de la culture de la). 1 vol. in-8 de 192 pages . . . . 2 »

Giret et Vinas.

Chauffage des vins en vue de les conserver, les muter et les vieillir. 2e édition. 1 vol. in-12, 143 p. et fig. . . . 1 25

Guérin-Menneville.

Maladie des vignes (La). Br. in-12 de 35 pages . . . . . » 50

Guillory aîné.

Calendrier du Vigneron. In-12, 120 pages et pl. 1 50

Guyot (Jules).

Vigne (Culture de la) et vinification. 2e édition. 1 vol. in-18 de 426 pages et 30 gravures 3 50

Viticulture dans la Charente-Inférieure. 1 volume in-8 de 60 pages 2 50

Viticulture dans l'est de la France. 1 vol. in-18 de 204 p. et 46 gravures 3 50

Viticulture du sud-ouest de la France. 1 vol. in-8 de 248 p. et 89 gravures 4 50

Heuzé.

Vignes malades (Traitement des), rapport adressé au ministre de l'intérieur. In-8 de 72 pages . . . . 1 »

Jobard-Bussy.

Vigne (Perfectionnement de la plantation de la). 1 vol. in-8 de 102 pages et 1 planche 1 50

Le Canu.

Nouvelles études sur les raisins. In-8 . . . . 1 »

Leusse (Comte de).

Distillation agricole de la pomme de terre, des topinambours, etc., etc. 1 vol. in-18 de 154 pages . . . . . 2 »

Machard.

Vins (Traité pratique sur les). 4e éd. 1 v. in-18 de 359 p. . 3 50

Martin (De).

Appareils vinicoles (Les) en usage dans le midi de la France. In-8 de 118 pages . . . . 2 »

Les pressoirs au concours régional de Montpellier.
Gr. in-8, 24 pages 1

Appareil-Moniteur de coulage, de fermentation et de conservation rationnelle pour les vins. Br. in-8, 7 p. » 25

MICHAUX (A.).

Échalas (Plus d'). Échalas, paisseaux et lattes remplacés par des lignes de fil de fer mobiles. 18 pages et 1 planche . . . . . . » 40

ODART (Comte).

Ampélographie universelle, ou Traité des cépages les plus estimés. 5ᵉ édit. 1 vol. in-8 de 650 pages 7 50

PERRET.

Trois questions sur le vin rouge. 9 p. in-8, 4 fig. » 50

SAINTPIERRE.

Les engrais chimiques appliqués à la culture de la vigne.
br. gr. in-8 . . . . 1 »

SEILLAN.

Vins du Gers. 11 pages in-4 et 1 carte 1

TERREL DES CHÊNES.

Vins (Pourquoi nos) dégénèrent. In-8 de 48 pages . . 1 »

VERGNE (DE LA).

Soufrage de la vigne (Instruction pratique sur le). 1 vol. in-18 de 82 pages et 1 planche 1 50

VERGNETTE-LAMOTTE.

Vin (Le). 2ᵉ édition. 1 vol. in-18 de 400 p. avec 3 pl. en couleur et 31 grav. noires 3 50

VIALLA

Le Phylloxera et la nouvelle maladie de la Vigne. In-8.
84 p. . . . . 1 »

VIGNIAL.

Vigne (Hygiène de la). Moyen de lui rendre la santé sans le secours d'aucun remède. In-8 de 39 pages et 4 planches . . . . 1 »

VINAS (Voy. GIRET.)

WINKLER.

Revue synoptique des principaux vignobles de l'univers. In-folio de 32 pages ou tableaux . . . . 3 »

ABEILLES — MURIERS — SOIE — VERS A SOIE

BASTIAN (F.)

Abeilles (Les). Traité d'apiculture rationnelle et pratique. 1 v. in-18 orné de 49 gravures 3 50

BLAIN.

Ver à soie du chêne (Notice pratique pour servir à l'éducation du). 1 brochure in-18 de 20 pages . . . . 1 »

BOULLENOIS (DE).

Vers à soie (Conseils aux nouveaux éducateurs de).
2ᵉ édition. 1 vol. in-8 de 224 pages et 2 planches 3 50

CHARREL.

Mûrier (Manuel du cultivateur de). 1 v. in-8 de 268 p. 1 75

CHAVANNES (DE).

Mûrier. Manière de cultiver le mûrier avec succès dans le centre de la France. 1 vol. in-8 de 130 pages 1 25

Debeauvoys.

Apiculteur (Guide de l'). 6e édition. 1 vol. in-12 de 340 pages, avec fig. 2 50

Duseigneur.

Cocons et graines d'Italie. 16 pag. in-8. . . . . 1 »

Girard (Maurice).

Entomologie appliquée. Les insectes utiles (vers à soie et abeilles) et les insectes nuisibles. In-8 de 39 pages. 1 50

Givelet.

Ailante et son bombyx (L'). Culture de l'ailante, éducation du ver que cet arbre nourrit, valeur et emploi de la soie qu'on en tire. Ouvrage orné de plusieurs plans et de 14 planches coloriées. . 5 »

Lefèvre (Em.).

Abeilles à propos de la ruche Krug (Les). 1 vol. in-18 de 72 pages . . . . » 75

Masquard (Eug. de).

De l'éducation rationnelle des vers à soie et de la décentralisation de la sériculture en France, 20 pages gr. in-8. . . » 75

Mona.

L'abeille italienne, instructions pratiques sur l'art d'italianiser les ruches communes et de les multiplier à peu de frais, au moyen d'une mère italienne. Brochure in-18, 45 p. 0 75

Personnat.

Ver à soie du chêne (Conférence sur le), (Bombyx Yama-maï); donnée au Palais de l'Industrie de Paris, le 28 août 1865. . . 1 »

Ver à soie du chêne (Le) à l'Exposition universelle de 1867. Insectes utiles vivants. Br. in-8 avec grav. . . . . . 1 »

Ver à soie du chêne (Le), bombyx Yama-maï, son histoire, son acclimatation, son éducation, ses produits. 4e éd. in-8 avec 3 pl. col. 3 »

La sériciculture en Italie. Grand in-8, 22 p. . . . . . . » 50

Roux.

Vers à soie (Les). 1 vol. in-12 de 245 pages. 1 25

Sagot (Abbé).

Petit traité spécial de la culture des abeilles avec l'Aumônière, ruche à cadres et greniers mobiles. In-18, figures . . 1 »

Société séricicole.

Société séricicole (Annales de la), pour la propagation et l'amélioration de l'industrie de la soie. 15 vol. grand in-8 et 15 planches. La collection complète. . . . . 175 »

Vers a soie.

Vers à soie. *Régénération. — Cause de l'épidémie. — Moyen de la combattre,* par un piocheur. 3e édition. In-8, 31 p. . . . . . 2 »

BOIS — FORÊTS — CHARBON

Arbois, de Jubainville (D').

Assolements forestiers (Utilité des). In-8 de 48 pages . 2 »

Balivage (Règlement du) dans une forêt particulière. 1 brochure in-8 de 64 pages. . . . . 2 »

Défrichement des forêts (Manuel du). In-8 de 184 p. 4 50

Taillis sous futaie (Recherches sur les). In-8 de 57 pages et 2 pl. . . . . 2 »

Vente des forêts de l'État (Observations sur la). In-8. » 50

Observations sur le système d'élagage de Courval et des Cars. In-32, 16 pages . . . . » 30

BURGER.

Chêne de marine (Principes de culture du). In-8 de 64 p. 1 50

CLAVÉ.

Économie forestière (Études sur l'). 1 volume in-18 de 380 pages 3 50

COURVAL (Vicomte DE).

Arbres forestiers (Conduite et taille des). In-8 de 110 p. et 15 planches . . . . 3 »

DUBOIS.

Charrue forestière, travaux de reboisement exécutés dans le Blésois. 1 brochure in-8 de 84 p. . . . . 2 »

Futaies de chêne (Considérations culturales sur les). 1 brochure in-8 de 42 pages 1 50

GRANDYAUX.

Reboisement des montagnes de France. In-8 de 50 p. . » 75

GURNAUD.

Bois de l'État et la dette publique. (Les). 16 p. . 2 75

Forêts de l'État (Conserver les) et réaliser le matériel surabondant. 1 brochure in-8 de 64 pages . . . . 2 »

Forêts (Mémoire sur la gestion des). In-8 de 32 p. 1 50

Traité forestier pratique, Manuel du propriétaire de bois. 1 vol. in-18, 192 p., ou tabl. . . . . 2 »

Mémoire de la commune de Syam à l'appui d'un pourvoi contre l'aménagement de ses forêts. In-8, 64 p. et 12 t. 2 50

Étude des forêts du Risour faite sur la demande des communes propriétaires. In-8, 88 p. et 5 pl. 2 50

JOUBERT.

Reboisement de la France (Du). In-8. . . . . 1 50

LYON.

Éléments de procédure correctionnelle à l'usage des agents forestiers. In-8 de 27 pages . . . . 1 »

MOITRIER.

Osier (Culture de l'), et art du vannier. 2ᵉ édition. 60 pages et 3 planches 2 50

RIBBE (DE).

Provence (La), au point de vue des bois, des torrents et des inondations. 1 vol. in-8 de 200 pages . . . . 3 »

Des incendies des forêts dans la région des Maures et de l'Esterel (Provence). Leurs causes; leur histoire; moyens d'y remédier. 2ᵉ édition, refondue par l'auteur. 1 vol. grand in-8. 140 pages . . . . 3 fr.

Réponse à l'enquête sur les incendies des forêts des Maures. (Société forestière des Maures, Var). In-8. 92 pages . . . . 2 fr.

ROUSSET.

Études de maître Pierre sur l'agriculture et les forêts. 1 volume in-18 de 92 pages . . . . 1 »

SAMANOS.

Pin maritime (Culture du). 1 volume in-8 de 150 pages et 4 planches . . . . 3 »

THOMAS.

Bois (Traité général de la culture et de l'exploitation des). 2 volumes in-8 . . . . 10 »

Vincelot (L'abbé).
Réhabilitation du Pic-Vert ou réponse aux observations d'un propriétaire sur l'utilité du Pic. 4ᵉ édit. in-8, 96 p. 1 50

ÉCONOMIE DOMESTIQUE — CUISINE

Bréviaire des gastronomes. Aide-mémoire pour ordonner les repas. 1 volume in-16 de 186 pages. . . . . 1 »
Cuisinière de la campagne et de la ville (La), par L. E. A. 1 volume in-12 avec figures. 42ᵉ édition. . . . . 3 »
      Delamarre.
Vie à bon marché (La). 2ᵉ édit. 1 vol. in-12 de 708 p. . 3 50
      Emion (V.).
Taxe (La) du pain, avec préface par V. Borie. In-8 de 108 p. 4 fr.
      Leclerc.
Caisse d'épargne et de prévoyance. Lettres à un jeune laboureur. 3ᵉ édition. In-12 de 60 pages. . . . . » 25
      Martin (De).
Fromages (Études sur la fabrication des), fermentation caséique. Grand in-8 de 60 pages. 1 50
      Michaux (Mᵐᵉ).
La cuisine de la ferme. 1 vol. in-18 de 180 p. (Bibl. du Cult.) 1 25
      Millet-Robinet (Mᵐᵉ).
Économie domestique, (Bibl. du Cultiv.) 14ᵉ édition, 245 pages et 79 gravures. 1 25
Conseils aux jeunes femmes. Vol. in-18 de 284 p. et 50 gr. 3 50
Maison rustique des dames. 2 volumes in-12, formant 1,400 pag. avec 269 gravures. 8ᵉ édition, revue et augmentée. 7 75
      CET OUVRAGE EST DIVISÉ EN QUATRE PARTIES
Tenue du ménage : Travaux. — Repas. — Comptabilité. — Dépenses. — Mobilier. — Linge. — Conserves. — Blanchissage.
Cuisine : Potages. — Sauces. — Viandes. — Poissons. — Gibier. — Légumes. — Fruits. — Purées. — Entremets. — Desserts. — Bonbons.
Médecine domestique : Pharmacie. — Hygiène. — Maladies des enfants. — Médecine et chirurgie. — Empoisonnements. — Asphyxie.
Jardin. — Ferme : Jardins, potagers, fruitiers, fleurs. — Ferme, travaux des champs, basse-cour, vacherie, laiterie, bergerie, porcherie.
Prix : broché, 7 fr. 75 ; demi-reliure, 10 fr. 75 ; demi-reliure tr. dor., 12 fr. 75.
Maison rustique des Enfants. 1 vol. in-4 de 320 p. ; nombr. fig. dans le texte et hors texte. Prix broché. . . . . 15 »
Percaline, tr. dorées. . . . . 18 »
Richement relié. . . . . 20 »
      Monnarson (Mᵐᵉ Inéis).
De l'éducation et de l'instruction des enfants à la campagne. 2ᵉ édition. In-8, 416 pages. . . . . 4 »
      Thomas.
Manuel des halles et marchés en gros. Guide de l'approvisionneur, de l'acheteur et des employés aux divers services de l'alimentation de Paris. 1 vol. in-12 de 316 pages. . . . . 3 »
      Vacca (E.).
Fromages dits de géromé (Fabrication des). Br. in-8. » 50
      Villeroy.
Laiterie, beurre et fromages. In-18 de 390 p. et 59 grav. 3 50

JOURNAUX — PUBLICATIONS PÉRIODIQUES

9ᵉ ANNÉE. — 1872

GAZETTE DU VILLAGE

Fondée par **VICTOR BORIE**

PARAISSANT TOUS LES DIMANCHES

Prix d'abonnement, rendu *franco* à domicile : un an.... 6 fr.
— — six mois.. 3 fr. 50

Les Abonnements partent du 1ᵉʳ janvier au 1ᵉʳ juillet de chaque année

10 centimes le numéro

Ce journal, contenant 8 pages à deux colonnes, format des journaux littéraires illustrés, publie, chaque semaine, des articles ayant pour but de mettre à la portée de toutes les intelligences les notions élémentaires d'économie rurale, les meilleures méthodes de culture, les inventions nouvelles ; de faire connaître les principales industries et les procédés employés par elles ; de populariser les voyages entrepris dans des contrées lointaines ; de raconter la vie des hommes utiles à l'humanité, et de tenir enfin les lecteurs au courant de tout ce qui se passe d'intéressant dans le monde industriel et agricole.

Il donne, en outre, un grand nombre de faits, recettes, procédés divers utiles aux cultivateurs et aux ouvriers.

Une partie du journal, consacré aux *lectures du soir*, contient un roman choisi avec la sollicitude la plus scrupuleuse.

Instruire et moraliser sans ennui, tel est le programme de la *Gazette du village*.

En vente :
1ʳᵉ année 1864.............	4	»
2ᵉ — 1865.............	4	»
3ᵉ — 1866.............	4	»
4ᵉ — 1867.............	4	»
5ᵉ — 1868 (épuisée).......	»	»
6ᵉ — 1869 (id.).......	»	»
7ᵉ et 8ᵉ années 1870-1871......	6	»

On s'abonne à **Paris, rue Jacob, 26**, en envoyant un mandat de **SIX** francs sur la poste. (Les frais de ce mandat ne sont que de 6 centimes.)

44ᵉ ANNÉE — 1872

REVUE HORTICOLE

JOURNAL D'HORTICULTURE PRATIQUE

FONDÉE EN 1829 PAR LES AUTEURS DU BON JARDINIER

Rédacteur en chef : E. CARRIÈRE

Chef des pépinières au Muséum d'histoire naturelle

PRINCIPAUX COLLABORATEURS:

D'Airolles, André, Bailly, Baltet, J. Batise,
Boncenne, Bossin, Briot, Carbou, Clémenceau,
Delchevalerie, Denis, Dumas, Dubreuil, Ermens, Faudrin, Gagnaire
Glady, Groenland, Hardy, Hélye, Houllet, Kolb,
Lachaume, de Lambertye, Lambin, Lanjoulet, André Leroy, L. Lhérault,
Martins, C. Minuit, Nardy, Naudin,
L. Neumann, d'Ounous, Pépin, V. Pulliat, Quetier,
Rafarin, Rivière, Robine, Roué, O. Thomas, Truffaut, Verlot,
Vilmorin, A. Wesmael, Weber, etc.

PRIX DE L'ABONNEMENT POUR LA FRANCE ET L'ALGÉRIE

Un an (janvier à décembre) : 20 fr.

La **Revue horticole** est envoyée *franco* contre le payement du montant de l'abonnement, d'une des trois façons suivantes :

Envoi d'un mandat sur la poste	Envoi en timbres-poste	Envoi de l'autorisation à M. l'Administrateur de faire traite
Un an. . . 20 »	Un an. . . 20 80	Un an. . . 20 90
Six mois. . 10 50	Six mois. . 10 50	Six mois. . 11 40

Adresser les mandats de poste, timbres-poste, autorisations de traite, à l'Administration de la Revue, 26, rue Jacob, à Paris.

PRIX DE L'ABONNEMENT D'UN AN POUR L'ÉTRANGER

Franco jusqu'à destination.		*Franco jusqu'à leur frontière.*	
Italie, Belgique et Suisse. . . .	20 fr.	Grèce.	23 fr
Angleterre, Egypte, Espagne,		Suède.	23
Pays-Bas, Turquie, Allemagne,		Pologne, Russie.	23
Autriche.	23	Buenos-Ayres, Canada, Colonies	
Colonies françaises, Montevideo,		anglaises et espagnoles, Etats-	
Uruguay.	25	Unis, Mexique.	25
Brésil, Iles Ioniennes, Moldo-		Bolivie, Chili, Nouvelle-Grenade,	
Valachie.	26	Pérou, Java.	29
Portugal.	24		

N. B. — La *Librairie agricole* envoie un numéro spécimen de la *Revue horticole* à toute personne qui lui en fait la demande.

36ᵉ ANNÉE — 1872

JOURNAL
D'AGRICULTURE PRATIQUE

MONITEUR DES COMICES, DES PROPRIÉTAIRES ET DES FERMIERS

(Seconde partie de la *Maison rustique du dix-neuvième siècle*)

Fondé en 1837 par Alexandre Bixio

Rédacteur en chef : E. LECOUTEUX

Propriétaire-Agriculteur

MEMBRE DE LA SOCIÉTÉ CENTRALE D'AGRICULTURE DE FRANCE

Secrétaire de la rédaction : M. A. de CÉRIS

PRINCIPAUX COLLABORATEURS :

MM. Boussingault, Brongniart,
Ch. Sainte-Claire Deville, Drouyn de Lhuys, Duchartre, Dumas,
Michel Chevalier, Naudin, Wolowski, etc.,

Membres de l'Institut,

MM. Amédée Durand, Béhague (de), Bella, Borie,
Bouchardat, Dampierre (de), Gayot, Guérin-Menneville, Heuzé
Magne, Moll, Nadault de Buffon, Reynal, Robinet,
Vibraye (de), Vogüé (de), etc.,

Membres de la Société centrale d'agriculture de France

Et un nombre considérable d'agriculteurs, de savants, d'économistes, d'agronomes de toutes les parties de la France et de l'étranger.

Ce journal traite les matières d'économie politique et sociale. Il paraît toutes les semaines par livraison de 48 pages in-8

FORMANT CHAQUE ANNÉE

DEUX BEAUX VOLUMES ENSEMBLE DE 1,700 PAGES

Avec de belles gravures noires dans le texte

PRIX DE L'ABONNEMENT POUR LA FRANCE ET L'ALGÉRIE

Le **Journal d'agriculture pratique** est envoyé *franco* contre le payement du montant de l'abonnement d'une des trois façons suivantes :

Envoi d'un mandat sur la poste	Envoi en timbres-poste	Envoi de l'autorisation à M. l'Administrateur de faire traite
Un an . . . . 20 »	Un an 20 80	Un an 20 90
Six mois . . . 10 50	Six mois . . . 10 90	Six mois . . . 11 40

Adresser les mandats de poste, timbres-poste, autorisations de traite à l'Administration du journal, 26, rue Jacob, à Paris.

PRIX DE L'ABONNEMENT D'UN AN POUR L'ÉTRANGER

Franco jusqu'à destination.		*Franco jusqu'à leur frontière.*	
Italie, — Belgique et Suisse. .	20 fr.	Grèce, — Suède.	28 fr.
Angleterre, — Egypte, — Espagne, — Pays-Bas, — Turquie.	25	Pologne, — Russie.	52
Allemagne, — Autriche, — Portugal.	27	Buenos-Ayres, — Canada, — Colonies anglaises et espagnoles, — Etats-Unis, — Mexique, —	
Colonies françaises, — Montevideo, — Uruguay.	30	Bolivie, — Chili, — Nouvelle-Grenade, — Pérou, — Java. .	35
Brésil, — Iles Ioniennes, — Moldo-Valachie.	55		

N. B. L'administration envoie un numéro spécimen du *Journal d'agriculture pratique* à toute personne qui lui en fait la demande.

La *Culture* fondée en 1859 par M. A. Sanson, *Journal des fermes et des châteaux, écho des comices et des associations agricoles de France et de l'étranger*, rédacteur en chef : M. J. PELLETAN.

Paraît le 1ᵉʳ et le 16 de chaque mois.

Prix de l'abonnement : 12 fr. par an, pour toute la France.

POUR L'ÉTRANGER, LES FRAIS DE POSTE EN SUS.

ENSEIGNEMENT PRIMAIRE AGRICOLE

BIBLIOTHÈQUE AGRICOLE DES ÉCOLES PRIMAIRES
à 75 centimes le volume

BONCENNE.

Horticulture (Cours élémentaire d'). 2 vol. in-18, formant ensemble 312 pages avec 85 grav. **1 50**

BORIE (V.)

Jeudis de M. Dulaurier (Les). 2 vol. in-18 de chacun 126 pages et 40 gravures. **1 50**

J. CHALOT.

Devoirs de l'homme envers les animaux. In-16 de 128 p. **» 75**

DOUAY (EDM.)

Grammaire française raisonnée, avec exemples agricoles. 1 vol. in-18 de 128 pages . . . . **» 75**

Alphabet et syllabaire. 1 vol. in-16, orné de vignettes . **» 75**

Tableau alphabet. In-plano. . . . . **» 35**

HEUZÉ (G.).

Lectures et dictées d'agriculture, revues et annotées. 1 vol. in-18 de 128 pages. . . . . **» 75**

LAURENÇON (C.)

Traité d'agriculture élémentaire et pratique. 2 vol. in-18 avec figures **1 50**

LEFOUR.

Arithmétique agricole. In-16 de 128 p., avec gr. . . . . **» 75**

MEPLAIN ET TAIZY.

Histoire du grand Jacquet, métayer, livre de lecture. 1 vol. in-18, avec gravures. . . . . **» 75**

VIDAL.

Loisirs (Les) d'un instituteur. 1 vol. in-8, 128 p. . . . . **» 75**

Sept tableaux muraux pour l'enseignement agricole. 1° Outils de main-d'œuvre; — 2° Instruments d'extérieur de ferme; 3° Instruments d'intérieur de ferme; — 4° Plantes alimentaires et industrielles; — 5° Plantes fourragères; — 6° Arbres fruitiers et forestiers; — 7° Animaux domestiques.

Chaque feuille ou tableau, 30 cent.; — les sept tableaux, 1 fr. 80 c. — port en sus pour la province.

VILLE (GEORGES).

École (L') des engrais chimiques. Premières notions de l'emploi des agents de fertilité. In-12, 100 p. et 1 pl. . . . . . . **1 »**

HALPHEN.

Lectures choisies pour les campagnes. In-18, 106 p. **» 50**

BIBLIOTHÈQUE DU CULTIVATEUR

Publiée avec le concours du Ministre de l'agriculture

39 volumes in-18, à 1 fr. 25 le volume

Agriculteur commençant (Manuel de l'), par Schwerz, traduit par Villeroy. 5ᵉ édit., 332 pages.. . . . . 1 25
Agriculteurs illustres (Les), par Paul Heuzé, 128 p. 9 gr. 1 25
Animaux domestiques, par Lefour. 1 vol. in-18 de 162 pages et 33 gravures.. . . . . 1 25
Basse-cour, pigeons et lapins, par Mᵐᵉ Millet-Robinet. 5ᵉ édit. 180 p., 31 gravures. 1 25
Bêtes à cornes (Manuel de l'éleveur de), par Villeroy. 300 pages et 60 gravures. 1 25
Calendrier du métayer, par Damourette. 180 p.. . . . . 1 25
Champs et prés (Les), par Joigneaux. 140 pages. 1 25
Cheval (Achat du), par Gayot. 1 vol. de 180 pages et 25 grav. 1 25
Cheval, âne et mulet, par Lefour. 1 vol. de 176 p., 141 gr. 1 25
Cheval percheron, par du Hays. 176 pages. 1 25
Chimie du sol, par le Dʳ Sacc. 1 vol. in-18. . . . . . 1 25
Chimie des végétaux, par le Dʳ Sacc. 1 vol. in-18.. . . 1 25
Chimie des animaux, par le Dʳ Sacc. 1 vol. in-18.. . . 1 25
Choux (culture et emploi), par Joigneaux. 1 vol. in-18 de 180 pages et 14 gravures. 1 25
Comptabilité et géométrie agricoles, par Lefour. 214 pages et 104 gravures.. 1 25
Cuisine (La) de la ferme, par Mᵐᵉ Michaux. 180 pages. 1 25
Culture générale et instruments aratoires, par Lefour. 1 vol. in-18 de 160 pages et 135 gravures. 1 25
Économie domestique, par Mᵐᵉ Millet-Robinet. 3ᵉ édit. 245 pages et 78 gravures.. . . . . 1 25
Engraissement du bœuf, p. Vial. 1 v. in-18 de 100 p. et 12 g. 1 25
Fermage (estimation, baux, etc.), par de Gasparin. 3ᵉ éd. 216 p. 1 25
Fumures et des étendues de fourrages (Les formules des), par Gustave Heuzé. 2ᵉ édition. 68 pages. 1 25
Houblon, par Erath, traduit par Nicklès. 156 pages et 22 grav. 1 25
Lièvres, lapins et léporides, par Eug. Gayot. 216 p., 15 g. 1 25
Maréchalerie ou Ferrure des animaux domestiques, par Sanson. 1 vol. de 180 pages et 27 grav.. . . . . 1 25
Médecine vétérinaire (Notions usuelles de), par Sanson. 1 vol. de 180 pages et 13 grav.. . . . . 1 25
Métayage, par de Gasparin. 2ᵉ édition. 162 pages. . . . 1 25
Moutons (Les), par A. Sanson. 1 vol. in-18 de 180 p. et 56 gr. 1 25
Noyer (Le), sa culture, par Huard du Plessis. 2ᵉ édit. 1 vol. in-18 de 175 pages et 45 gravures. 1 25
Olivier (L'), par Riondet. 1 vol. de 139 pages.. . . . 1 25
Pigeons, dindons, oies et canards, par Pelletan, 1 vol. avec 20 figures.. . . . . 1 25
Plantes oléagineuses (Les), par Gustave Heuzé. 1 vol. in-18, 180 pages, nombr. gravures. 1 25
Porcherie (Manuel de la), par L. Léouzon. 1 vol. in-18. 180 p. et 37 gravures. 1 25
Poules et œufs, par E. Gayot. 1 vol. de 208 pages et 35 gr. 1 25
Races bovines, par Dampierre. 2ᵉ édit. 196 pages et 28 gr. 1 25

Sol et engrais, par Lefour. 180 pages et 54 gravures 1 25
Stations agronomiques et laboratoires agricoles, par L. Grandeau. In-18, 136 p., 12 grav. 1 25
Tabac (Le), moyens d'améliorer sa culture, par Schlœsing et Grandeau. 1 vol. avec tableaux 1 25
Travaux des champs, par Victor Borie. 188 p. et 121 gr. . 1 25
Vaches laitières (Choix des), par Magne. 144 p. et 39 gr. . 1 25

SOUS PRESSE:

Chèvre (La), par Huard du Plessis.
Huiles de graines et tourteaux, par Huard du Plessis.
Chacun de ces volumes est vendu séparément.

BIBLIOTHÈQUE DU JARDINIER

Publiée avec le concours du Ministre de l'agriculture

19 volumes in-18 à 1 fr. 25 le volume

Arbres fruitiers. Taille et mise à fruit, par Puvis. 2e édition. 167 pages 1 25
Arbres d'ornement de pleine terre, par Dupuis. In-18, 162 p., 40 grav. 1 25
Arbrisseaux et arbustes d'ornement de pleine terre, par Dupuis. 122 p. et 25 grav. 1 25
Asperge. Culture, par Loisel. 2e édit. 108 p. et 8 grav. . 1 25
Cactées (Les), par Ch. Lemaire. 140 p., 11 grav. 1 25
Conférences sur le jardinage (légumes et fruits), 2e édition, par Joigneaux. 152 pages 1 25
Culture maraîchère pour le midi de la France, par A. Dumas. 2e édition. 144 pages 1 25
Jardins et parcs, par de Céris. 1 vol. in-18 avec 60 grav. . 1 25
Melon. Culture, par Loisel. 5e édition. 108 pages et 7 grav. . 1 25
Orchidées, par Delchevalerie, 1 vol., avec 32 figures . . . 1 25
Pelargonium, par Thibaut. 2e édit. 108 pag. et 10 grav. . . 1 25
Pépinières, par Carrière. 148 pages et 30 gravures 1 25
Pétunia — Rosier — Pensée — Primevère — Auricule — Balsamine — Violette — Pivoine, par Marx-Lepelletier. 108 pages 1 25
Plantes bulbeuses, espèces, races et variétés, par Bossin. 2 vol. in-18 . . . . 2 50
Plantes grasses autres que Cactées, par Ch. Lemaire . . 1 25
Plantes de serre chaude et tempérée, par Delchevalerie . 1 25
Potager (Le), jardin du cultivateur, par Naudin. 187 p., 34 gr. 1 25
Rosier, culture et multiplication par Lachaume. In-18, 172 p. et 34 grav. 1 25

SOUS PRESSE:

Conifères (Les), par Dupuis.
Fraisiers, framboisiers, groseilliers, par Robine aîné.
Plantes grimpantes, par Verlot.

TABLE ALPHABÉTIQUE DES NOMS D'AUTEURS.

L'astérisque indique la répétition du nom de l'auteur dans la même page

BIBLIOTHEQUE NATIONALE DE FRANCE
3 7531 04125458 3